石榴多酚的生物学活性研究

赵胜娟　著

化学工业出版社

·北京·

内容简介

本书先概述了石榴多酚的组成、主要活性成分及其生物学活性，然后详细阐述了针对石榴活性成分展开的研究进展，包括石榴汁降血脂的研究，石榴多酚抑制泡沫细胞脂质积累的研究，石榴多酚促进泡沫细胞胆固醇流出的研究，安石榴苷、鞣花酸和没食子酸抑制泡沫细胞形成的研究，石榴鞣花酸抗肺癌的研究。全书内容丰富，专业性和指导性较强，为石榴多酚的推广应用提供了一定的理论基础。

本书较适合高校生物技术、生物工程、医药、化工等专业教师、研究生和科研工作者参考，同时也为上述行业产品研发人员提供了一定的研发思路。

图书在版编目（CIP）数据

石榴多酚的生物学活性研究／赵胜娟著．—北京：化学工业出版社，2023.5

ISBN 978-7-122-43112-7

Ⅰ．①石…　Ⅱ．①赵…　Ⅲ．①石榴-多元酚-生物活性-研究　Ⅳ．①Q946.82

中国国家版本馆 CIP 数据核字（2023）第 042181 号

责任编辑：邵桂林
责任校对：宋　玮　　　　装帧设计：韩　飞

出版发行：化学工业出版社
（北京市东城区青年湖南街 13 号　邮政编码 100011）
印　　装：北京科印技术咨询服务有限公司数码印刷分部
850mm×1168mm　1/32　印张 5½　字数 121 千字
2023 年 6 月北京第 1 版第 1 次印刷

购书咨询：010-64518888　　　　售后服务：010-64518899
网　　址：http://www.cip.com.cn
凡购买本书，如有缺损质量问题，本社销售中心负责调换。

定　　价：49.80 元

前言

石榴，是一种长寿命并耐干旱的植物，较适于种植在干旱和半干旱地区，原产巴尔干半岛至伊朗及其邻近地区，于大约两千年前传入中国。目前在我国主要产区有陕西临潼、新疆叶城、山东枣庄、安徽怀远、四川会理和云南巧家等。

石榴营养丰富。据测定，一般石榴果实中含糖11%～15%、可溶性果酸0.46%～0.68%，还原性维生素C 4.23～10.27mg/100g、磷 8.9 ～ 10mg/100g、钾 216 ～ 249.1mg/100g、钙 1.06 ～ 2.98mg/100g、镁 6.5 ～ 6.76mg/100mg、单宁59.8～73.4mg/100g，另外还含蛋白质、脂肪、花青素、粗纤维等。石榴含有较多的功效物质，主要有酚类、鞣质类、黄酮类、生物碱及有机酸类化合物，石榴各个部位所含活性成分种类及含量存在较大差异，石榴的果皮、叶、花、籽和果汁中鞣质类、黄酮类、生物碱、有机酸含量各有偏重，石榴籽中则多含甾类、脂肪酸、甘油三酯等；石榴花、果汁中则含大量花色苷。

石榴还具有较为广泛的药用价值。据历代医学家及中医临床经验证明，石榴具有生津化食、抗胃酸过多、软化血管、止泻、解毒、降温等多种功能，医学界用石榴果实治疗肝病、高血压、动脉硬化等。石榴根皮苦涩温，具有杀虫涩肠之功能，可作驱虫之药。石榴花酸涩平，具有止血收敛功效，适用于创伤止血、中耳炎，还可泡水洗眼，有明目之效。石榴叶捣碎外敷，可治跌打损伤。近年来，石榴以其营养丰富和较为广泛的药用价值而受到研究者的广泛关注。国内外研究者对石榴的医疗保健功能做了大量的研究工作，已证实石榴在抗氧化、抗突变、抑制炎症、降低脂肪、预防动脉粥样硬化和癌症等方面具有积极的作用。

本书概括了石榴多酚的组成、提取以及多种生理活性的研究，为石榴多酚的推广应用提供了一定的理论基础。本书内容专业性较强，较适合高校教师、研究生和科研工作者参考，为植物化学物活性成分研究人员提供了一定的研究思路。

本书大部分研究内容是在陕西师范大学食品营养与安全实验室且在李建科教授的指导下完成的，并得到了国家基金项目（31171677）和河南科技大学博士科研启动基金（13480068）的支持，在此表示衷心感谢！另外，在撰写过程中参考了有关中外文献，对这些文献的作者也表示衷心的感谢！

限于编者水平，书中难免有不足之处，敬请广大读者批评指正，以便将来修订再版时加以改进。

著者

2023 年 2 月

目　录

第1章

石榴多酚的生物学活性概述

1.1 石榴概述

石榴属于安石榴科，是一种寿命长并耐干旱的植物，较适于种植在干旱和半干旱地区。石榴原产于伊朗及阿富汗等中亚地带，于大约两千年前传入中国，现广泛种植在伊朗、印度和一些地中海国家如土耳其、埃及、突尼斯、西班牙和摩洛哥。目前我国的主要产区有陕西临潼、新疆叶城、山东枣庄、安徽怀远、四川会理和云南巧家等。石榴作为一种古老的食用水果，广泛应用于民间医药中。近些年，石榴以其营养丰富和较为广泛的药用价值而受到研究者的广泛关注。石榴中所含功效物质主要有酚类、鞣质类、黄酮类、生物碱及有机酸类化合物。石榴各个部位活性成分所含种类及含量存在较大差异，石榴的果皮、叶、花、树皮、果汁中鞣质类、黄酮类、生物碱、有机酸含量各有偏重，石榴籽中则多含甾类、脂肪酸、甘油三酯等；石榴花、果汁中则含大量花色苷。

1.2 石榴多酚及其主要活性成分

石榴多酚是石榴中的一类多酚羟基化合物。就石榴而言，石榴皮中多酚类物质最丰富，种类最多，然后是石榴籽、汁、叶和花。石榴皮多酚种类繁多，其具体组成与石榴品种、气候和栽培地区相关。目前从石榴中检测出的多酚种类达 14 种之多，主要包括安石榴苷、鞣花酸、没食子酸、绿原酸、咖啡酸、槲皮素、阿魏酸、芦丁、儿茶素、表儿茶素、山柰酚、根皮素、根皮苷、对羟基苯甲酸。

(1) 安石榴苷　安石榴苷，石榴多酚的主要活性成分之一，分子式为 $C_{48}H_{28}O_{30}$，分子量为 1084.72，含有多个酚羟基，有两种同分异构体：α-安石榴苷和 β-安石榴苷，两者能够互相转化。化学结构如图 1-1 所示。安石榴苷呈绿黄色粉末状，极性很强，易溶于水，可溶于甲醇、乙腈、乙醇等多种有机溶剂。在酸、碱、光照或高温等条件下不稳定。它易被人体吸收，在人体酶的作用下可以分解为鞣花酸和尿石素等，具有很强的抗氧化、抑制肿瘤及抗动脉粥样硬化等作用。安石榴苷已被当做抗氧化剂用于食品工业，有些国家如日本和法国等已将其用于化妆品方面。不易被合成，只能天然提取，但不易从其他植物提取。

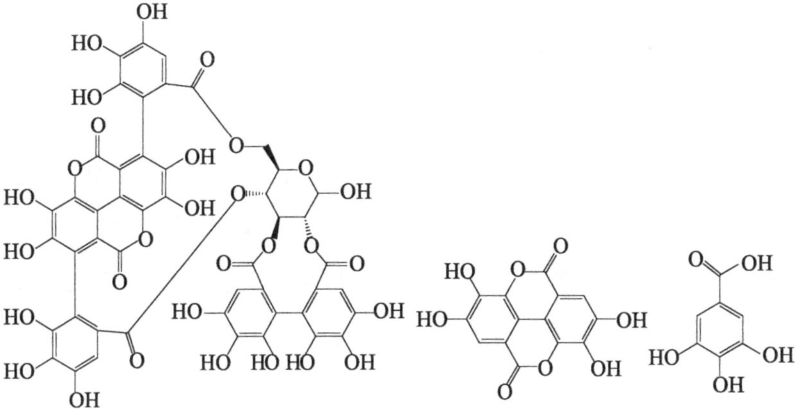

安石榴苷结构图　　鞣花酸结构图　　没食子酸结构图

图 1-1　石榴皮多酚代表性化学成分结构图

（2）鞣花酸　鞣花酸，化学式为 $C_{14}H_6O_8$，分子量为 302.28，是没食子酸的二聚衍生物。化学结构见图 1-1。它在各种软果、坚果等植物组织中广泛存在。纯鞣花酸是一种黄色针状晶体，具有微溶于水、醇，溶于碱、吡啶，不溶于醚等物理性质。鞣花酸具有较好的抗氧化性、抗突变和抗癌变效应。

（3）没食子酸　没食子酸亦称“五倍子酸”或“棓酸”，化学式为 $C_7H_6O_5$，分子量为 170.12，结构式见图 1-1。它是白色或浅褐色针状结晶或粉末，易溶于水、醇、醚，它广泛存在于掌叶大黄、山茱萸、茶、五倍子等植物中，广泛应用于化工、生物、医药、食品等行业，具有抗癌、抑菌和抗病毒等多重功效。

1.3 石榴多酚的生物学活性

许多研究表明石榴汁和石榴多酚提取物可抗氧化、抗突变、抑制炎症和细菌生长繁殖等，可以预防多种癌症、心血管疾病、糖尿病、阿尔茨海默症、关节炎、结肠炎、腹泻、胃溃疡、性病、雌激素相关疾病和其他疾病，其主要活性如下：

（1）抗氧化　历史上，石榴被用作驱虫剂和止泻药，近年来石榴的抗氧化性开始被广泛关注和研究。现已证实，石榴多酚提取物具有很强的去除超氧阴离子、羟基、过氧化氢等自由基的能力，具有抑制低密度脂蛋白氧化的能力，在体内也发挥很好的抗氧化作用。

目前，众多学者的研究已将石榴多酚的抗氧化和抑菌性能拓展到了食品行业。Qian Zhang（2007）比较了石榴皮粉末的水提物、丙酮提取物、甲醇提取物、乙酸乙酯提取物对猪油脂质过氧化的抑制作用，结果显示它们对猪油过氧化均具有较强的抑制作用，且呈浓度依赖性，而且石榴皮粉末的丙酮提取物抑制猪油脂质过氧化能力最强，然后依次是水提取物、甲醇提取物、乙酸乙酯提取物。Sara Basiri（2015）研究了石榴皮甲醇提取物对太平洋白虾的多酚氧化酶（PPO）活性及其冷藏期间的质量影响。结果表明石榴皮多酚对太平洋白虾 PPO 的影响呈浓度依赖性，冷藏期间可以显著减少挥发性盐基氮、三甲胺和硫代巴比妥酸的产生。另外，已有研究者发现石榴皮多酚能够延长熟鸡肉制品的货架期，且能延缓牛肉丸冷藏期间脂类和蛋白质的氧化，也有学者将其抗氧化效果应用于熟羊肉馅饼、生猪肉上。

（2）抗癌　石榴多酚提取物对肝癌细胞 HepG2 有明显的生长抑制作用，同时可以阻滞细胞周期，并通过参与细胞内线粒体凋亡通路促进细胞凋亡。Adams 等用睾丸激素诱导乳腺癌细胞 MCF-7 增生，考察了石榴鞣花酸代谢物尿石素 B 对该乳腺癌细胞增生的影响，结果显示尿石素 B 可减缓 MCF-7 的增生，表明石榴活性成分对雌激素诱导的乳腺癌有一定的预防和治疗作用。鞣花酸能够抑制前列腺癌细胞 PC-3 生长，可通过降低十二烷酸合成、血红素加氧酶系统的蛋白表达，达到抑制前列腺癌细胞形成和抗癌的目的。鞣花酸还可通过抑制前列腺素 E_2、环氧化酶和磷脂酶 A2a 蛋白的表达，抑制人体单核细胞中前列腺 E_2（PGE_2）的释放，控制前列腺癌。Gui-Zhi Ma（2015）使用 PC-3 裸小鼠异种移植模型观察了体内石榴皮多酚对人前列腺细胞 PC-3 的抗增殖和凋亡作用，结果显示石榴皮多酚提高了其凋亡率，提高了血清中 TNF-α 水平，降低了 VEGF 水平，并指出鞣花酸、没食子酸和安石榴苷是抗肿瘤活性的主要效应物。鞣花单宁在石榴汁中含量较高，可以水解为鞣花酸被进一步代谢，代谢物仍具有生物活性，能够抑制前列腺癌细胞的生长。Naghma 等证实石榴果实提取液可显著抑制 A/J 小鼠肺癌，抑制人肺癌 A549 细胞的 NF-κB 通道 DNA 的键合活性。尿石素类是鞣花酸经代谢后的产物，它可以通过抑制癌细胞增殖和诱导细胞分化，起到降低患结肠癌的风险。Yoshimura M 等发现石榴皮提取物通过降低酪氨酸酶活性、抑制黑色素细胞的增生与合成，实现降低皮肤癌患病率的作用。鞣花酸作用于鼻咽癌 CNE-2 细胞后，细胞核发生皱缩，且死亡细胞数量增加，机制上可能与鞣花酸能降低 COX-2、NF-κB 的蛋白表达有关。

除此之外，Ramirez-Mares 等在研究中，用 TPA 诱导人肝癌细胞 HepG2 中鸟苷酸脱羧酶（ODC，具有促癌作用）和醌还原酶活性，然后用没食子酸再作用于该细胞，结果发现没食子酸抑制鸟苷酸脱羧酶活性。没食子酸可以引起人胃癌细胞（KATO Ⅲ）和结肠腺癌细胞（COLO 205）两种细胞的生长，并诱导其凋亡，机理可能是没食子酸通过诱导细胞 DNA 发生有控裂解，产生多个寡核苷酸片段促使细胞凋亡，且呈浓度和时间依赖性。钟振国等在研究中发现 GA 及其衍生物对人肝癌细胞 Bele-7404、小鼠肝癌细胞 H22、人胃癌细胞 SGC-7901 和小鼠肉瘤细胞-S1804 四个细胞株具有直接抑制作用。

总之，石榴多酚已被证实对前列腺癌、肝癌、结肠癌、肺癌及皮肤肿瘤等多种癌症都有良好的抑制作用。

(3) 抑菌 药典记载，石榴皮入药，可以涩肠止泻、驱虫止血，可用于治疗久泻、久痢、虫积腹痛等。现有资料证实，石榴皮多酚呈现出广谱抗药特性，对革兰氏阳性菌有较强的抑制作用，对革兰氏阴性菌和多重皮肤真菌也有着不同程度的抑制作用。卡西姆的研究结果也已证实石榴皮提取物对单增李斯特菌、金黄色葡萄球菌、大肠杆菌和沙门氏菌等均具有一定的抑菌活性。张晓玲指出石榴皮多酚醇提物可以抑制痤疮常见致病菌——痤疮丙酸杆菌的生长。熊素英发现新疆和田石榴皮提取物对酵母菌、细菌、霉菌也有明显的抑制作用。陆雪莹等研究发现，石榴皮多酚可抑制临床常见致病菌，且有着广谱性。关于泰国治疗胃肠道感染的传统药用植物调查显示，石榴果皮可以抑制肠出血性大肠杆菌菌株。在伊朗和墨西哥发现石榴皮提取物可以抑制胃肠道病原体。石榴汁也被报道具有广谱抑菌特性。

石榴皮的抑菌效力被认为是水解多酚（主要包含单宁和鞣花单宁，如安石榴苷、安石榴林和鞣花酸等）的贡献。

(4) 抗炎 炎症可引起各种生理功能障碍。石榴皮提取物可以穿透皮肤并调节活的表皮中 COX-2 的表达，对 HSV 产生强效的杀病毒活性，有潜力改善与一系列皮肤病症相关的炎症和疼痛。石榴已在 LPS 诱导的 Raw 264.7 巨噬细胞中显示出潜在的 NO 抑制作用，而且抗炎活性成分主要是安石榴苷、安石榴林、石榴素等。资料显示安石榴苷能显著降低LPS诱导巨噬细胞NO的生成，PGE2、IL-1β、1L-6和肿瘤坏死因子TNF-α的产生，从而达到抗炎的效果。另外，Hyemee Kim运用硫酸钠诱导的结肠炎大鼠模型比较了芒果多酚和石榴多酚的抗炎特性。研究发现，芒果和石榴饮料均减少了肠道黏膜和血清中的促炎因子，控制了肠道炎症，石榴多酚是通过调节ERK1/2信号通路下调mTOR来实现抗炎作用。Tanmay A. Shah等研究了石榴汁和安石榴苷对2,4-二硝基苯磺酸诱导的肠炎的治愈效果。结果显示，石榴汁和安石榴苷降低了TNF-α、IL-18、IL-1β和NF-κB的mRNA水平，且石榴汁比单一成分安石榴苷效果好。Soojin Park研究了石榴皮提取物对颗粒物PM10诱导ROS升高导致的炎症因子的表达和分泌的影响。结果发现10～100μg/mL的石榴皮提取物可减少ROS的产生，降低THP-1细胞TNF-α、IL-1β、MCP-1和ICAM-1的表达，但没有降低VCAM-1的表达，安石榴苷和鞣花酸减少了单核细胞对内皮细胞的黏附。

(5) 抗AS　动脉粥样硬化（Atherosclerosis，AS）是心脑血管疾病如冠心病、脑梗死、外周血管病的主要原因。抑制AS可以减少心脑血管疾病的发生概率。Michael Aviram等（2000）研究了石榴汁摄入对人体和动脉粥样硬化载脂蛋白E-缺乏（$E^{-/-}$）小鼠体内LDL氧化、聚集和滞留的影响。结果显示，人食用石榴汁后，降低了LDL聚集和滞留的易感性，并且提高了血清对氧磷酶（防止脂质过氧化的HDL相关酯酶)。EO小鼠(动脉粥样硬化载脂蛋白E-缺乏($E^{-/-}$)小鼠)补充石榴汁后，腹膜巨噬细胞LDL的氧化减少了90%，动脉粥样硬化病变的尺寸减少了44%，泡沫细胞的数量也减少了。Aviram和Dornfeld(2001)评价了石榴汁对10名高血压患者血管紧张素转换酶(ACE)和血压的影响。结果显示，石榴汁可显著降低患者的ACE活性和收缩压。Aviram等(2004)评价了石榴汁对动脉粥样硬化患者颈动脉内膜中层厚度(CIMT)、血压和LDL氧化的影响。结果显示，石榴汁能够减少CIMT、降低血压、减少LDL的氧化，起到抑制动脉粥样硬化发展的作用。这些研究结果都提示石榴汁具有抗动脉粥样硬化作用，并且可能与其抗氧化特性有关。

(6) 减肥　肥胖是当今最常见和最重要的健康问题之一，世界上几乎所有国家的肥胖症患病率均在增加，目前世界卫生组织已将肥胖定义为"全球流行病"。肥胖是导致许多疾病如糖尿病、高血压、冠心病、高胆固醇、抑郁、骨骼问题以及癌症的独立危险因素。目前市场上只有两种药物(奥利司他和西布曲明)被批准长期用于治疗肥胖和常规体重管理，但效果有限。因此人们在寻求新的替代策略。许多天然产品，如从植物中提取和分离得到的化合物等被报道可以诱导体重下降，还可以预防饮食引起的肥胖。有研究指出，给雄性C57BI/J6小鼠喂食石榴籽油(1g/100g·bw)12周引起高脂饮食小鼠体重下降。也有研究者以高脂饮食引起的肥胖小鼠为模型调查了石榴叶提取物的减肥效果。结果表明，石榴叶提取物以 800mg/kg 剂量喂食 5 周后，肥胖小鼠不但体重下降、脂肪百分比下降，而且血清总胆固醇、甘油三酯、血糖水平以及 TC/HDL 等均下降，即改善了高脂血症，也降低了心血管疾病发生风险。同样，石榴花提取物也被报道可以改善异常心肌脂质代谢，糖尿病肥胖大鼠饮食石榴花提取物 500mg/kg 持续 6 周，通过激活 PPARα 活性实现脂质代谢改善。此外，石榴汁和没食子酸等对肥胖和糖尿病也具有预防和改善作用。

（7）降脂作用　目前，在医学界，高血脂已被公认为是导致动脉粥样硬化和心脑血管疾病发生的重要因素。因此，人们对石榴抗高血脂做了一些研究。发现石榴叶提取物可降低肥胖模型小鼠血浆总胆固醇（TC）和甘油三酯（TG）等含量；22 个糖尿病人以每天 40g 食用浓缩石榴汁 8 周后，总胆固醇、LDL-C/HDL-C、TC/HDL 均有显著下降。石榴汁可以显著降低血 LDL 水平，效果同辛伐他汀相当。有研究者比较了几种水果的降血脂作用，发现石榴降低血浆总胆固醇和甘油三酯水平的作用强于苹果、草莓、番石榴、木瓜、橙子等，并指出其降血脂效果可能是由其纤维含量高和较强的抗氧化性引起。含有石榴酸的石榴籽油和菜籽油均能降低小鼠机体的脂肪组织重量，并改善脂质代谢。除此之外，资料亦证实石榴皮的醇提物、石榴皮多酚提取物及其萃取物等对高脂血症大鼠的血脂具有调节作用，即均具有降血脂作用。

除此之外，石榴多酚还具有防止老年痴呆、抗糖尿病、美容等多重功效。

第2章

石榴汁降血脂的研究

目前冠心病是发达国家和发展中国家导致人死亡的主要原因，高胆固醇血症是冠心病的危险因素之一。世界卫生组织（WHO）的资料显示，2002 年冠心病患者死亡人数中有 440 万人由高脂血症引发，且 7.9%的死亡发生在年轻人中。高脂血症是以血液中脂蛋白水平紊乱、血 LDL 水平升高为特点，其治疗的主要原则是调整饮食、维持正常体重。此外，还可以用他汀类等药物进行治疗。他汀类药物可通过抑制 HMG-CoA 酶有效降低胆固醇，但它具有副作用，可引起肝毒性和肌病。

石榴是药食两用植物，果实营养丰富，维生素 C 含量比苹果和梨要高出 1～2 倍，富含多酚、黄酮、鞣质、生物碱等多种抗氧化活性物质，具有很好的营养和保健作用。近些年来石榴汁、石榴多酚由于其较高的营养和药用价值而受到广泛关注，成为人们研究的热点之一。已有研究表明石榴汁具有较强的抗氧化特性，且其抗氧化性要明显高于红酒和绿茶。大量研究证明石榴皮提取物具有抑菌、降低胆固醇、抑制癌变、软化血管、抗AS等诸多功效。据报道10%石榴果实纤维降低高胆固醇血症大鼠总胆固醇和甘油三酯水平的能力强于苹果、草莓、番石榴、木瓜、柑橘等，石榴汁［259.2mg/(200g·BW·d)］降低高胆固醇血症大鼠胆固醇的能力相当于辛伐他汀0.18mg/(kg·d)。

本研究通过建立AS大鼠模型，以去皮石榴原汁为受试物，探讨石榴汁预防机体脂质过氧化的作用，以及石榴汁对AS大鼠血脂的调节作用，旨在为石榴汁用于预防高脂血症和AS提供依据。

2.1 材料与仪器

2.1.1 试验材料

石榴汁，四川会理青皮软籽石榴压榨而成，糖度为(14.4±0.1)°Bx，四川福能源生物科技有限公司生产。芦丁、DPPH、福林试剂，美国Sigma公司；胆酸钠、甲基硫氧嘧啶，重庆化学试剂厂；血清AST、ALT和组织丙二醛（MDA）试剂盒及蛋白质羰基测定试剂盒，均购自南京建成生物工程研究所。

2.1.2 试验仪器

组织匀浆器：MM-49683-00型，德国Fluko公司。

电热恒温水槽：HHW-21CU-600型，上海福玛实验设备有限公司。

可见分光光度计：VIS-7220型，北京瑞利分析仪器有限公司。

高速台式冷冻离心机：TGL-16GR型，上海安亭科学仪器厂。

全波长酶标仪：Multiskan Go型，美国热电公司。

电子天平：BSA224S-CW型，北京赛多利斯科学仪器有限公司。

全自动生化检测仪：美国Dimension公司。

蜡包埋机，石蜡切片机：德国Leica公司。

2.2 试验方法

2.2.1 实验动物及饲料配方

50只SPF级健康SD大鼠，雄性，体重160～200g，从西安交通大学医学院动物中心购买。大鼠分笼饲养，动物室温控制在18～22℃，湿度50%～60%，12h光/暗自动交替循环，适应5d后进入实验。

高脂饲料配方：81.3%标准饲料，5%白糖，10%猪油，3%胆固醇，0.5%胆酸钠，0.2%丙级硫氧嘧啶。

基础标准饲料由第四军医大学动物中心提供，SPF级包装，高脂饲料按照上述配方由其代为加工。

2.2.2 总酚含量的测定

试验用石榴果汁用无菌离心管进行分装，冷冻于−20℃备用。采用福林酚比色法测定其多酚含量。以没食子酸为标准物质，根据不同浓度没食子酸在765nm处的吸光度值绘制总酚标准曲线，用以计算石榴皮中的总酚含量。

将称取的没食子酸，溶于蒸馏水，配制成终浓度为0.025mg/mL的标准液。然后再稀释成一系列浓度，取等量各浓度标准溶液，置于25mL的棕色容量瓶中，分别加入福林试剂（FC试剂）1mL，混匀，在0.5～8min内加入4mL 15%的Na_2CO_3溶液，充分混合后定容，30℃避光放置1h。设空白对照，空白对照不加标准液。反应结束后，在765nm波长测定各溶液吸光度值，每个样品至少测定3次。以标准溶液的质量浓度为横坐标、吸光度值为纵坐标，绘制标准曲线，得到相关回归方程和相关系数，如图2-1。取石榴汁样品1mL置于25mL棕色容量瓶中，按上述方法测定765nm波长下的吸光度值，代入标准曲线方程计算各样品总酚含量。

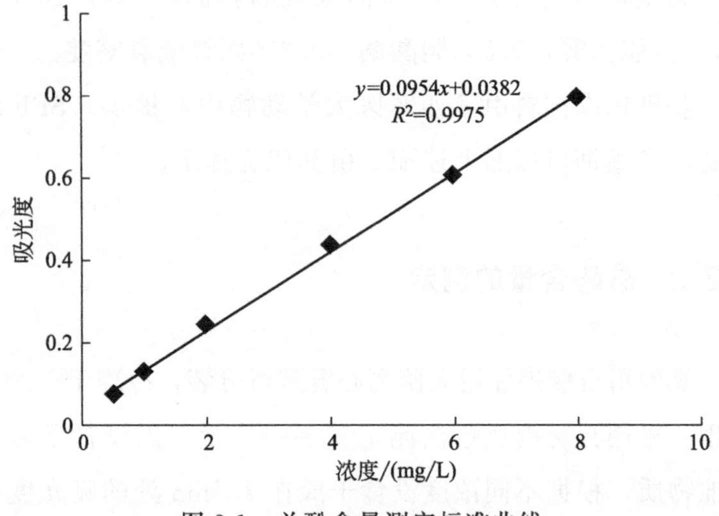

图 2-1　总酚含量测定标准曲线

2.2.3　黄酮类物质含量测定

以芦丁为标准样品，采用硝酸铝-亚硝酸钠比色法测定黄酮类物质含量。称取 12mg 芦丁标准品溶于甲醇，定容至 10mL，配制成 1.2mg/mL 的标准品溶液，将该标准溶液用甲醇再稀释成一系列浓度后，取等量各浓度稀释液置于 10mL 容量瓶中，每瓶加 5％亚硝酸钠溶液 0.3mL，放置 5min，加 10％硝酸铝溶液 0.3mL，放置 6min，加 4％氢氧化钠溶液 2mL，用蒸馏水定容至 10mL，摇匀，立即于 510nm 下测定反应液的吸光度。以标准溶液质量浓度为横坐标、吸光度值为纵坐标，绘制标准曲线，见图2-2。吸取一定量的各代测样品按照上述方法操作测定吸光度值，代入回归曲线计算样品中总黄酮含量。

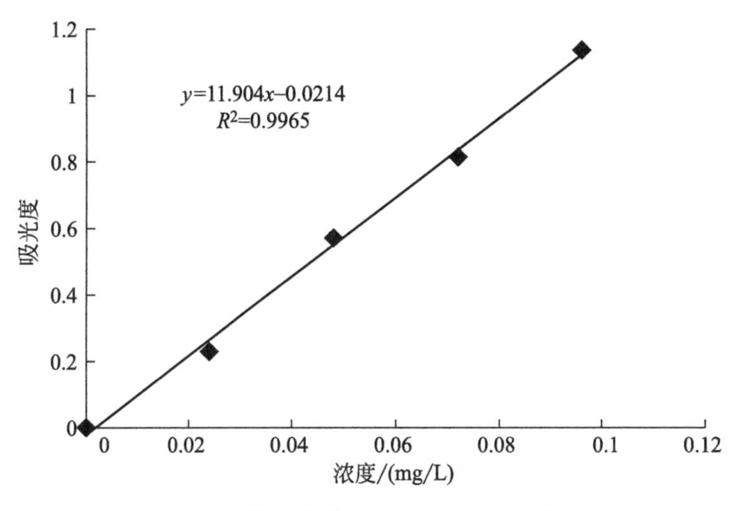

图2-2　黄酮类物质含量测定标准曲线

2.2.4　原花青素含量的测定

原花青素含量的测定采用香草醛-盐酸比色法。以儿茶素为标准，准确称取1g香草醛溶于甲醇中配制1%香草醛溶液，将8mL浓盐酸溶于甲醇中配成8%盐酸溶液，之后两者1∶1混合，作为显色剂，现用现配。

配制浓度为1.2mg/mL的儿茶素标准品溶液，溶剂为甲醇，分别取0、0.1、0.2、0.4、0.6、0.8、1.0mL，用甲醇补至 1mL，制成一系列浓度的标准液，加显色剂，混匀，30℃水浴中避光反应 30min，然后测定各反应液在 500nm 波长下的吸光值。以标准品质量浓度作为横坐标、吸光度为纵坐标，绘制标准曲线，见图 2-3。称取一定量的各待测样品，按上述制作方法进行相同操作，在 500nm 波长处测定反应液吸光度值，将吸光度值代入回归方程计算样品中原花色素的含量。

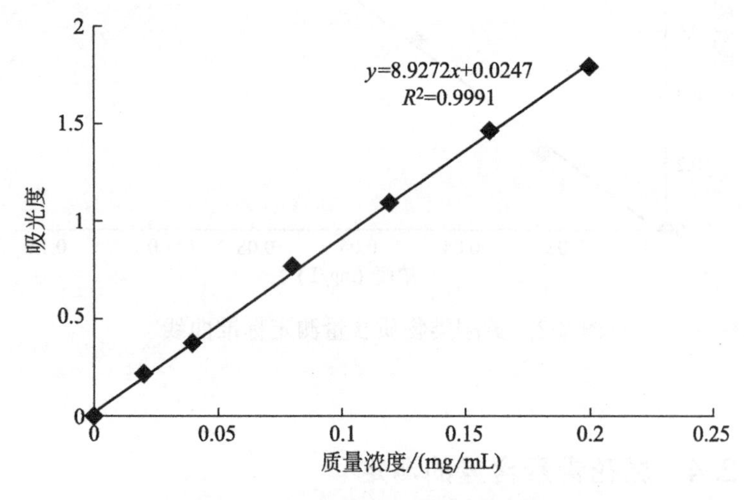

图 2-3　花色素含量测定标准曲线

2.2.5　清除 DPPH 自由基的能力测定

DPPH 在乙醇溶液中呈紫色，在 517nm 处有最大吸收值。加入抗氧化剂后，DPPH 与抗氧化剂中的氢结合，颜色发生改变，吸光度值也随之发生变化，以此来评价其清除自由基能力的强弱。具体操作：在离心管中加入不同质量浓度的样品及等体积的 0.2mmol/L DPPH 乙醇溶液，混匀后于暗处静置 30min，以无水乙醇为参比，在波长 517nm 处测定其吸光度值，每个样品重复 3 次。

$$清除率(\%)=\left(1-\frac{A_2-A_1}{A_0}\right)\times 100$$

式中：

A_0——2mL DPPH 溶液+2mL 无水乙醇的吸光度值；

A_1——2mL 无水乙醇+2mL 样品溶液的吸光度值；

A_2——2mL DPPH 溶液+2mL 样品溶液的吸光度值。

2.2.6　实验动物分组及处理

50 只 SPF 雄性大鼠喂养 5d 后，被随机分成如下 5 组进入试验。

（1）正常对照　普通标准饲料，每天按 0.01mL/(g · bw · d) 剂量给该组动物灌胃 0.9%生理盐水。

（2）模型组　高脂饲料，并每天按 0.01mL/(g · bw · d) 剂量灌胃 0.9%生理盐水。

（3）石榴汁低剂量组　高脂饲料基础上每天按 0.005mL/(g · bw · d) 剂量灌胃石榴汁［相当于 3.844μg

多酚/(g·bw·d)]。

(4) 中剂量组　高脂饲料基础上每天按剂量 0.01mL/(g·bw·d) 灌胃石榴汁 [7.688μg 多酚/(g·bw·d)]。

(5) 高剂量组　高脂饲料基础上每天按剂量 0.02mL/(g·bw·d) 灌胃石榴汁 [15.376μg 多酚/(g·bw·d)]。

以上处理连续8周，其间各组动物均自由摄取食物和饮水。试验结束后，各组大鼠禁食不禁水处理12h，然后进行腹腔注射麻醉（7%水合氯醛 0.5mL/100g·bw），摘除眼球取血，3000r/min、10min、4℃离心，分离血清，分装冻存。一部分用于测定总胆固醇（TC）、甘油三酯（TG）、高密度脂蛋白胆固醇（HDL-C）、低密度脂蛋白胆固醇（LDL-C）等血脂指标，一部分用于测定血清炎症分子指标、血清抗氧化酶指标。取下大鼠胸主动脉，剪下一段1cm长的动脉弓部分，置于4%或10%中性多聚甲醛中，用于制作组织切片。

2.2.7 血清血脂指标测定

采用全自动生化检测仪对血清中 TC、TG、HDL-C、LDL-C、谷丙转氨酶（ALT）、谷草转氨酶（AST）等指标进行检测。

2.2.8　肝脏指数的测定

$$肝脏指数=\frac{肝脏重量}{小鼠体质量}\times 100\%$$

2.2.9　血液抗氧化指标的测定

按照丙二醛（MDA）和蛋白质羰基试剂盒说明书中的方法对脂质过氧化产物和蛋白质氧化产物进行检测。

2.2.10　主动脉弓病理切片 HE 染色

主动脉弓取材后固定 24h，经过脱水、透明、石蜡包埋等步骤制成蜡块，经石蜡包埋、切片、HE 染色后，显微镜下观察组织的病理学变化。

2.2.11　数据处理

数据采用 SPSS17.0 或 DPS 进行单因素方差分析。结果采用平均数±标准差进行表示。

2.3 结果与分析

2.3.1 石榴汁多酚类成分含量

石榴中多酚物质的组成和含量受石榴品种、产地、收获季节、农业措施等多种因素的影响。该石榴汁测定得出的总酚、总黄酮、花色素结果如表2-1。

表2-1 石榴汁抗氧化成分含量的测定结果

单位：mg/L

样品	总酚	黄酮	原花青素
石榴汁	768.87±21.88	426.85±8.93	1214.36±122.0

该石榴汁的总酚含量为768.87mg/L（没食子酸当量），比Filiz Tezcan等报道的土耳其商业果汁（2602～10086mg/L）和Li等报道的中国其他产地鲜榨石榴汁（3150～7430mg/L）低，与Rajasekar等报道的272～849mg/L相近，预示着多酚含量可能与石榴品种和产地以及海拔等地理条件有关。该石榴汁黄酮含量为426.85mg/L，高于Li等报道的中国其他产地黄酮含量（45～335mg/L），这除了与品种和产地有关外，与果实成熟度及榨汁工艺可能也有关。果汁的颜色是果汁质量的重要影响因素，主要与花青素含量相关。本试验所测得的四川会理石榴汁的原

花青素含量为 1214.3mg/L，大大高于 Li 和 Humaira 等文献中报道的 4～160mg/L。

2.3.2　石榴汁清除 DPPH 自由基的能力

DPPH 自由基，一种很稳定的氮中心的自由基，广泛用于生物样品、酚类物质和食品的抗氧化能力的评价。由图 2-4 可知，石榴汁清除 DPPH 的能力很强，稀释 100 倍（浓度为 1%）时，在本体系中对 DPPH 的清除率达到了 74.48%，与 90μg/mL BHT 抗氧化能力相当。这比 Filiz Tezcan 等报道的土耳其 7 种商业石榴汁的清除 DPPH 能力强 10 倍以上，比 Zhuang 等报道的中国山东枣庄产区石榴汁清除 DPPH 的能力强 5 倍。这可能是因为本试验用石榴汁黄酮和花青素含量较高。Revital 等曾指出石榴汁的抗氧化性与多酚和花青素含量显著相关，石榴全果匀浆的抗氧化水平与 4 种水解单宁含量高度相关，但与花青素含量无关。本试验用石榴汁花青素含量超过各资料所报道的其他地区石榴汁花青素水平，这也许是四川会理石榴汁清除 DPPH 能力较高的原因之一。一直以来，学者对石榴汁的研究关注重点大多在石榴多酚上，本试验结果提示我们石榴花青素在石榴汁的抗氧化等营养保健作用上可能也占有重要地位。

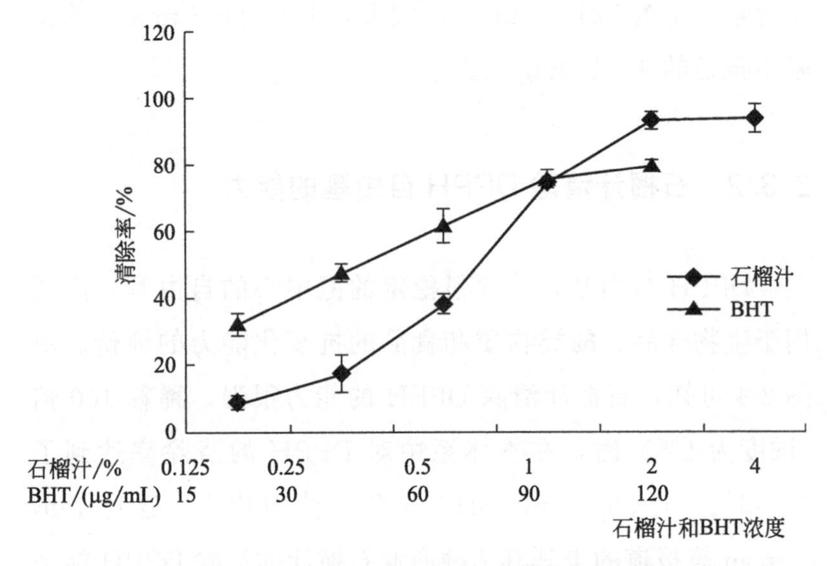

图 2-4 石榴汁清除 DPPH 自由基的能力

2.3.3 石榴汁对 AS 大鼠血脂的影响

模型组和各药物组连续食用高脂饲料 8 周后，取血分离血清后，测定 TC、TG、LDL-C、HDL-C 含量，结果见表 2-2。从表 2-2 中可以看出，模型组大鼠 TC、LDL、HDL 均极显著提高，TG 极显著降低。说明大鼠发生了以胆固醇升高为主的高脂血症。石榴汁各剂量组与模型组相比，TC 和 LDL 以及 LDL/HDL 均极显著降低，且石榴汁高剂量组降低 TC 和 LDL 的效果更好，各剂量组呈现明显的剂量依赖性。以上结果说明石榴汁能明显抑制 TC 及

LDL-C 含量的升高，对 AS 大鼠高血脂具有预防作用。

表 2-2　石榴汁对实验性 AS 大鼠血脂水平的影响（$\bar{x} \pm s$）

单位：mmol/L

组别	TC	TG	HDL	LDL	LDL/HDL
正常组	1.50±0.25	0.33±0.03	0.61±0.08	0.65±0.16	1.05±0.16
模型组	12.21±1.41##	0.22±0.05##	2.07±0.09##	9.96±1.35##	4.67±0.64##
低剂量组	9.44±1.28**	0.23±0.05	2.00±0.08	7.06±1.00**	3.51±0.80**
中剂量组	9.01±1.89**	0.20±0.04	2.20±0.20	6.89±1.21**	3.46±0.26**
高剂量组	8.09±1.89**	0.18±0.02	2.12±0.23	6.11±1.65**	3.26±0.53**

注：** 指与模型组相比差异极显著（$p<0.01$），## 指与正常组相比差异极显著（$p<0.01$）。

2.3.4　石榴汁对 AS 大鼠 ALT、AST 和肝脏指数的影响

ALT 和 AST 是反映肝脏功能的两个重要指标。石榴汁对 AS 大鼠 ALT、AST 水平和肝脏指数的影响见表 2-3。结果显示，模型组大鼠 ALT 与正常组大鼠相比 ALT 有极显著的升高，AST 也有一定程度的升高，说明模型组大鼠

肝脏功能受到了一定程度的损害。石榴汁灌胃组均极显著降低了ALT水平，说明石榴汁对AS大鼠肝脏损伤有一定的预防和保护作用。

表2-3 石榴汁对高脂血症大鼠ALT、AST水平和肝脏指数的影响（$\bar{x}\pm s$） 单位：ng/mL

组别	ALT	AST	肝脏指数
正常组	51.96±11.72	283.86±78.56	2.55±0.41
模型组	222.63±66.48##	301.38±112.82	4.17±0.41##
低剂量组	125.87±29.19**	237.23±71.77	4.06±0.30
中剂量组	133.94±20.16**	235.89±57.93	3.98±0.54
高剂量组	151.58±17.32**	240.57±52.89	4.15±0.43

注：**指与模型组相比差异极显著（$p<0.01$），##指与正常组相比差异极显著（$p<0.01$）。

模型组与正常组相比，肝脏指数极显著升高，说明肝脏有一定损伤。石榴汁各剂量组与模型组相比均无显著差异。但从数值上看，石榴汁低、中剂量组对肝脏指数具有一定的降低作用。

2.3.5 石榴汁对大鼠CRP的影响

CRP是机体发生组织损伤等炎症性刺激时肝细胞合成的急性相蛋白，其浓度升高说明发生了一定的炎症反应。石榴汁对CRP的影响见图2-5，从图中可以看出，模型组大鼠血清CRP蛋白极显著高于正常组大鼠，说明模型组确实发生了炎症反应，从结果上看随石榴汁剂量增加，CRP含量逐渐降低，石榴汁高剂量组与模型组相比达到了差异显著，说明石榴汁一定程度上确实可以缓解或预防AS大鼠的炎症反应。

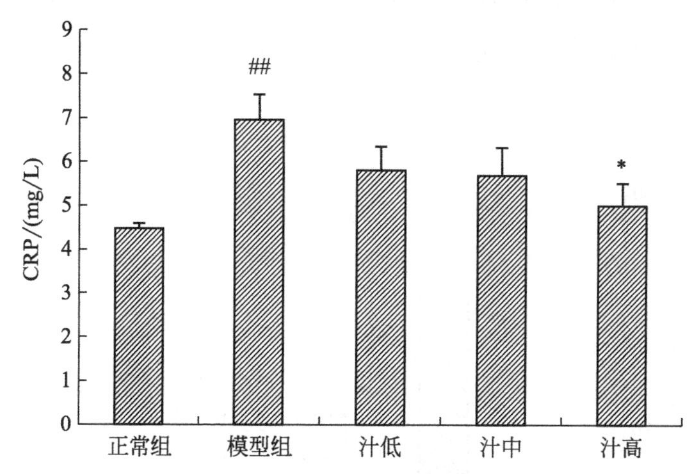

图2-5　石榴汁对高脂血症大鼠血清CRP的影响

[*指与模型组相比差异显著（$p<0.05$），##指与正常组相比差异极显著（$p<0.01$）]

2.3.6　石榴汁对大鼠血清总胆汁酸的影响

胆汁酸是胆固醇代谢产物，随胆汁排出，在脂肪代谢中起重要作用，对维持细胞胆固醇水平具有重要作用。健康动物中血清胆汁酸含量较少，肝脏对其有调控作用，使其在血清中的含量相对稳定；当肝细胞损害时，胆汁代谢出现异常，进入血中的胆汁酸含量显著升高，升高程度与肝细胞损伤程度成正比。图 2-6 结果显示，正常大鼠食用高脂饲料 2 个月后，总胆汁酸含量极显著高于正常对照组，石榴汁处理组高、中、低三个剂量组大鼠血清中胆汁酸含量大大降低，且低、中剂量组达到了差异显著，高剂量组达到了差异极显著，说明石榴汁可以降低高脂血症大鼠血清中胆汁酸的含量。

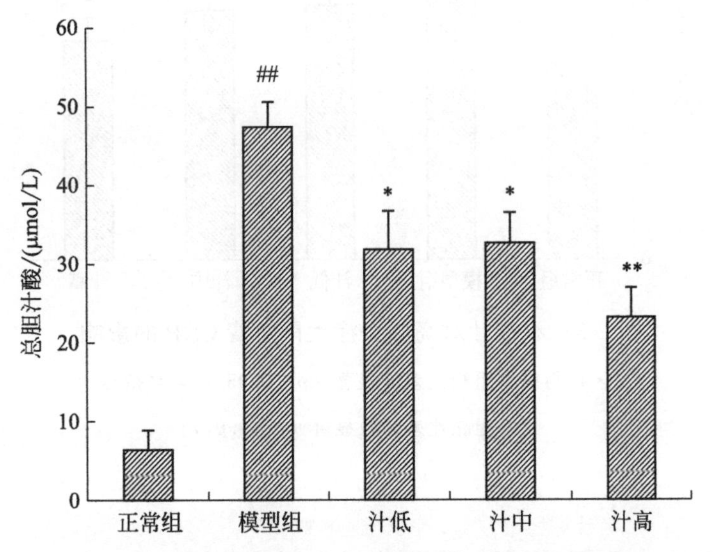

图 2-6　石榴汁对高脂血症大鼠血清部胆汁酸的影响

[＊、＊＊分别指与模型组相比差异显著（$p<0.05$）和差异极显著（$p<0.01$），＃＃指与正常组相比差异极显著（$p<0.01$）]

2.3.7 石榴汁对 AS 大鼠动脉粥样硬化指数的影响

动脉粥样硬化指数（AI）是综合血脂的几项指标来反映机体发生动脉粥样硬化（AS）危险性的一个参数。AI=（TC-HDL-C）/HDL-C，AI 值升高提示机体发生 AS 的可能性增加。从表 2-4 可以看出，三个剂量组的动脉粥样硬化指数 AI 与模型组相比均有显著的不同程度的降低，说明石榴汁确实能够减少 AS 发生的风险。

表 2-4　石榴汁对动脉粥样硬化指数的影响

组别	正常组	模型组	汁低	汁中	汁高
AI	1.46±0.27	4.70±0.24##	3.85±0.51*	3.32±0.66**	3.30±0.53**

注：*、**分别指与模型组相比差异显著（$p<0.05$）和差异极显著（$p<0.01$），##指与正常组相比差异极显著（$p<0.01$）。

2.3.8 石榴汁对 AS 大鼠脂质和蛋白质氧化的影响

石榴汁对 AS 大鼠 MDA 和蛋白质羰基化的影响见图 2-7。可以看出，模型组 MDA 含量显著升高，石榴汁剂量组显著降低了 MDA 的升高，说明石榴汁减少了脂质过氧化，保护了机体损害。模型组蛋白质羰基含量比正常组有所升高，但并未形成显著性差异，石榴汁对蛋白质羰基化

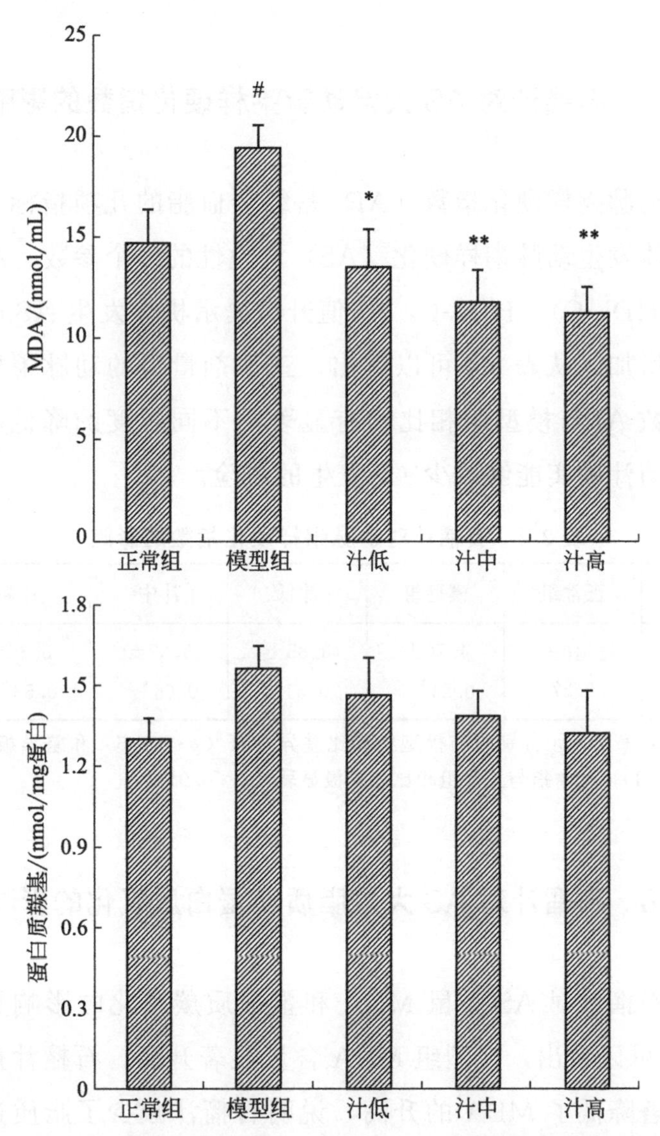

图 2-7 石榴汁对高脂血症大鼠 MDA 和蛋白质羰基的影响

[*、**分别指与模型组相比差异显著（$p<0.05$）和差异极显著（$p<0.01$），#指模型组与正常组差异显著（$p<0.05$）]

有下降作用，但也未形成显著性差异。本实验结果提示在AS发展过程中更多的是脂质发生过氧化，蛋白质氧化可能不明显。

2.3.9 主动脉弓标本HE染色

主动脉弓标本HE染色结果见图2-8。正常组主动脉内膜光滑、连续，且基本无损伤，中膜平滑肌细胞排列规则，外膜附有大量疏松结缔组织。模型组内膜有增生，中膜有不同程度的破坏，而且局部内膜有稍微增厚。石榴汁各剂量组，随石榴汁摄入增加，中膜损伤程度得到了一定的改善。这表明石榴汁对AS的发生有一定预防作用。

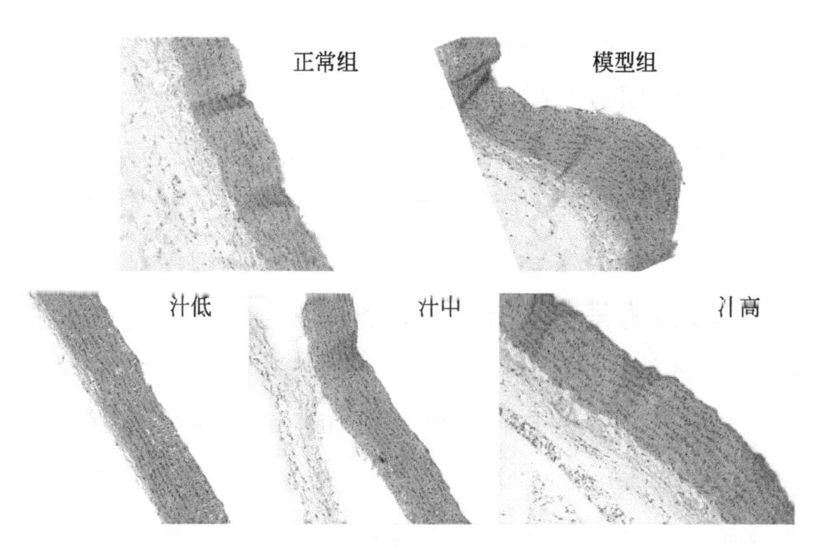

图2-8 显微镜观察主动脉弓病理变化

2.4 讨论

众多资料已表明石榴汁具有良好的抗氧化能力，本研究对石榴汁 DPPH 自由基清除能力进行了基本评价，并测定了其多酚、黄酮和花青素含量，发现该石榴汁虽然多酚含量与已有资料报道相比稍低或相当，但其黄酮和花青素含量较高。这可能也是本实验用石榴汁的 DPPH 清除能力同等条件下强于其他石榴汁产品的原因。

本试验在高脂饲料基础上添加了胆酸钠，目的是增加动物对胆固醇的吸收；饲料中还添加了丙基硫氧嘧啶，它可以降低胆固醇代谢，导致更多的胆固醇聚集，血清中总胆固醇升高。本试验结果显示，饲喂 8 周后，模型组大鼠 TC 和 LDL 明显升高，LDL/HDL 显著升高，即大鼠血脂已经发生异常；而且大鼠主动脉 HE 染色结果显示，正常对照组大鼠主动脉壁结构正常，内膜光滑，平滑肌细胞排列规则；模型组主动脉内膜粗糙，平滑肌细胞排列不规则，内皮细胞排列不完整，有炎症细胞浸润，这都符合 AS 大鼠的特征。

血脂异常与诸多心脑血管疾病的发生都有关系，因此，调整脂质代谢回归正常，对预防心脑血管疾病的发生和发展很重要。胆固醇是人体组织细胞不可缺少的重要物，它参与细胞膜的形成，又是合成胆汁酸和维生素 D 的重要原料。但是，总胆固醇偏高对机体危害很大，会诱导多种疾病的发生。从试验结果来看，石榴汁各剂量预防组则显著改善了血脂异常的情况，TC、LDL、LDL/HDL、ALT、总胆汁酸含量显著下降，都说明了石榴汁对 AS 大鼠病灶的发展起到了一定预防作用。另外，高剂量还降低了血清中 CRP 含量和 AS 指数，说明一定程度上石榴汁可以缓和炎症。

MDA 是脂质过氧化反应的终产物之一，MDA 在血清中含量的高低常被用来间接反映细胞损伤的程度，MDA 含量的上升是肝脏受到损伤的一个重要标志。本试验中，模型组大鼠食用高脂饲料 2 个月后，血清中 MDA 含量显著升高，石榴汁各剂量组均能够显著抑制 MDA 的升高，说明石榴汁改善了脂质氧化程度。体外试验已经证实石榴皮多酚、安石榴苷和鞣花酸可以有效抑制金属离子诱导的脂质过氧化，并且抑制作用在一定范围内与其质量浓度存在剂量效应关系；石榴皮多酚溶液对蛋黄卵磷脂不饱和脂肪酸的脂质过氧化也具有一定抑制作用。同时，石榴皮多酚对体外亚铁离子诱导的大鼠肝脏匀浆脂质过氧化抑制作用良好，且效价高于等浓度的茶多酚。本试验又进一步在体内试验层次上，证明了富含石榴多酚的石榴汁确实可以降低 AS 大鼠脂质过氧化产物的 MDA 水平，这可能都归因于石榴汁和石榴皮多酚的强抗氧化性。

2.5 小结

（1）石榴汁能显著降低 AS 大鼠 TC 和 LDL 以及 LDL/HDL 水平，并显著降低血清 ALT、MDA 水平，对 DPPH 自由基有显著的清除作用，表明食用石榴汁具有一定的抗脂质过氧化作用，对高脂血症具有一定的预防作用。降脂机制可能与其抗氧化性和能减少脂质过氧化产物有关。

（2）石榴汁可显著降低 AS 模型大鼠血清中 CRP 含量，并降低血清中动脉硬化指数，表明食用石榴汁可降低 AS 发生的风险。

（3）石榴汁可显著降低 AS 模型大鼠 ALT、血清胆汁酸含量和肝脏指数，表明食用石榴汁具有一定的肝保护作用。

第3章

石榴多酚抑制泡沫细胞脂质积累的研究

在AS形成初期，单核细胞被刺激诱导进入内皮间隙，在内膜下分化为巨噬细胞，后者通过相应受体吞噬大量氧化修饰的低密度脂蛋白，导致细胞内脂质堆积，形成泡沫细胞。泡沫细胞形成后在动脉内壁不断聚集形成动脉壁脂肪条纹和斑块，最终导致AS。所以预防和逆转泡沫细胞的形成对于AS的预防和发展具有重要意义。抑制泡沫细胞的形成，可以通过抑制脂蛋白的氧化、巨噬细胞过多摄入胆固醇，促进细胞内胆固醇流出这些途径来实现。

在泡沫形成过程中，ox-LDL和巨噬细胞清道夫受体发挥了关键作用，巨噬细胞表达的清道夫受体主要有CD36、SR-A和LOX-1等，它们可识别、吞噬、氧化低密度脂蛋白最终导致细胞泡沫化，尤其B受体家族清道夫CD36是ox-LDL高亲和性受体，它在泡沫细胞形成过程中承担着识别和吞噬ox-LDL的任务，同时ox-LDL能诱导CD36的表达，它们之间形成正反馈，导致胆固醇不断沉积最终形成泡沫细胞。

（1）CD36　CD36 是一种重要的跨膜蛋白，是一种多功能受体，是潜在的 ox-LDL 受体，属于 B 族清道夫受体，与 SR-B1（B 族清道夫受体Ⅰ型）有 30％的同源性。CD36 是通过识别 ox-LDL 中的磷脂部分与其进行结合的，识别位点为氧化的脂质。CD36 主要有两种功能：一是能够促进特异的脂质分子摄取，如长链脂肪酸和修饰的低密度脂蛋白（ox-LDL 等）；二是能够黏附多种带有负电荷的生物大分子并通过后续的胞内信号传导引发相应的炎症、噬菌、内吞等作用。

泡沫细胞形成后，高表达的 CD36 可促进 AS 发展，并最终导致斑块的不稳定性。因此，调控 CD36 的表达是抑制泡沫细胞形成最终实现抗 AS 的途径之一。CD36 的表达是高度可控的。ox-LDL 可通过激活 PKC、PKB 和刺激炎症因子的合成、分泌来上调 CD36 的表达；也有文献指出在 PPARγ 缺失的巨噬细胞中，原先上调 CD36 表达的激动剂不再上调 CD36 表达，提示 PPARγ 可能参与 CD36 的调控。在研究 ox-LDL 对 CD36 的诱导机制时发现，ox-LDL 可通过激活 PPARγ 促进 CD36 的表达，LDL 则没有这种机制，HDL 可通过 PPARγ 磷酸化来抑制 CD36 表达。这说明核激素受体超家族中的过氧化酶体增殖物激活受体γ（PPARγ）被证实也是调节 CD36 表达的关键因子。CD36 表达调控是个相对复杂的过程，还有待进一步揭示。

（2）SR-A　A 类清道夫受体（SR-A）与 CD36 结构

明显不同，却都能无限制地摄取、修饰 LDL，不受胆固醇负反馈机制调节，对泡沫细胞的形成起重要作用。SR-A 是一种跨膜糖蛋白受体，有三种亚型，表达于巨噬细胞、血管平滑肌细胞和内皮细胞。据研究报道，CD36 和 SR-A 在氧化或乙酰化修饰 LDL 代谢中的作用约占 75%～90%。乙酰化 LDL 主要由 SR-A 调节，氧化 LDL 则优先由 CD36 调节。

（3）LOX-1　植物血凝素样氧化低密度脂蛋白受体-1（LOX-1）主要表达在内皮细胞上，是 ox-LDL 在内皮细胞的主要受体，主要介导内皮细胞对 ox-LDL 的摄取，与 AS 的发生和发展有关。在 AS 发展过程中巨噬细胞、平滑肌细胞和新生微血管中也有 LOX-1 表达。过度表达 LOX-1 可诱导 AS 病变，减少其表达则可阻止 AS 斑块的形成和发展。因此 LOX-1 也可能是抗 AS 的潜在靶点。

因此，调控这些受体的表达是抑制泡沫细胞形成，最终实现抗 AS 的途径之一。

3.1　材料与仪器

3.1.1　试验材料与试剂

石榴多酚：采用石榴皮多酚提取物（PPPs，Pomegranate Peel Polyphenols），由陕西天地源生物科技有限公司提供，紫外检测多酚含量为60%。

Raw264.7小鼠巨噬细胞：陕西师范大学食品营养与安全实验室保存。

多酚标准品（没食子酸、原儿茶酸、儿茶素、绿原酸、表儿茶素、咖啡酸、阿魏酸、芦丁、根皮苷、鞣花酸、槲皮素、山奈素）：纯度≥98%，购自天津一方科技公司。

安石榴苷：纯度≥98%，Sigma。

DMEM培养基：Gibco公司。

胎牛血清：Gibco 10099-141。

胰酶消化液：碧云天C0201。

Ox-LDL（2mg/mL装）：广州奕源生物科技有限公司。

DMSO（二甲基亚砜），MTT［3-(4,5-二甲基噻唑-2)-2,5-二苯基四氮唑溴盐］，油红O试剂：Sigma公司。

细胞及培养液总胆固醇测定试剂盒（E1015，E1005）、游离胆固醇提取试剂盒（E1016）：北京普利来基因技术有限公司。

细胞计数板：江苏海门市华盛实验仪器有限公司。

细胞培养瓶（T25，T75瓶）、各孔板：Corning公司。

细胞培养皿（100mm）。

微量移液器：Eppendorf公司。

总RNA提取试剂盒：OMEGA公司（R6834-01）。

cDNA 反转录试剂盒：Thermo ＃K1622。

实时荧光定量试剂盒：Thermo Science Maxima SYBR Green/Fluorescein q PCR Master Mix（2X）＃K0241。

DEPC 水、marker、2×Taq PCR MasterMix（KT201），购自天根生物有限公司。

琼脂糖购自 Sigma 公司，EB 替代物由 Invitrogen 生物公司提供。

GW9662（M6191，5mg 装）：Sigma 公司。

CD36（BS7861）、SR-A（BS6671）、PPARγ（BS1587）抗体：Bioworld Technology 公司。

无水乙醇、异丙醇、甲醛等其他试剂均为国产分析纯。

3.1.2　试验仪器

本章试验所用的主要仪器见表 3-1。

表 3-1　主要仪器

名称	生产厂家及型号
HPLC 高效液相色谱仪	美国热电公司 U-3000
CO_2 恒温培养箱	ESCO CCL-170B-8
普通倒置显微镜	OLYMPUS CKX41
倒置荧光显微镜	徕卡 DMI 3000B 型
低速台式离心机	北京时代北利离心机有限公司 DT5-6B

续表

名称	生产厂家及型号
高速台式离心机	上海安亭科学仪器厂 TGL-16B
全波长酶标仪	美国热电公司 Multiskan Go
生物柜	ESCO AC2-4S1
净化工作台	上海新苗医疗器械制造有限公司
高速低温离心机	美国 Sigma 公司 3K30
数控超声波清洗器	昆山市超声仪器有限公司 KQ-250DB
数显鼓风干燥箱	上海博讯实业有限公司医疗设备厂 GZX-9146MBE
电热恒温水槽	上海福玛实验设备有限公司 HHW-21CU-600
低温冰箱	青岛海尔股份有限公司 BCD-215KS
精密微量移液器	Eppendorf 公司(德国)各量程
紫外分光光度计	上海现科仪器有限公司 752-P
精密 pH 计	上海精密科学仪器有限公司 PHS-2F 型
微量核酸蛋白测定仪	Thermo-Nanodrop ND-2000 型
凝胶成像仪	美国西盟(中国)BIO-BEST200E
梯度 PCR 扩增仪	Thermo 公司(美国)Aritik 型
实时荧光定量 PCR 仪	Thermo 公司(美国)PIKO REAL 96 型
琼脂糖水平电泳槽	北京六一仪器厂 DYCP-31BN 型
冷冻离心机	heal force neofuge 15R
纯水仪	重庆艾科浦 AJC-0501-P
Paper Trimmer	Deli NO. 8014
磁力搅拌器	常州澳华仪器有限公司 79-1
脱色摇床	北京六一仪器厂 WD-9405A
电泳仪	北京六一仪器厂 DYY-6C
暗匣	广东粤华医疗器械厂有限公司 AX-Ⅱ

续表

名称	生产厂家及型号
灰度分析软件	Alpha Innotech alphaEaseFC
图像分析软件	Adobe PhotoShop
扫描仪	EPSON V300
封口机 PF	温州市江南机械厂 PF-S-200
感光胶片	kodak
暗室灯	龙口市双鹰医疗器械有限公司

3.2 试验方法

3.2.1 试剂配制

（1）磷酸盐缓冲液（0.01 M PBS）配制　磷酸二氢钾（KH_2PO_4）0.02g，磷酸氢二钠（Na_2HPO_4）0.29g，氯化钠（NaCl）0.8g，氯化钾（KCl）0.02g，加去离子水约80mL充分搅拌溶解，然后加入浓盐酸调pH至7.2～7.4，最后去离子水定容到100mL。121℃高压灭菌30min，保存于4℃冰箱中备用。

（2）细胞消化液的配制　取0.25g的胰蛋白酶和0.02g的EDTA加入PBS，终体积为100mL，pH7.4，过滤除菌后置于－4℃贮存备用。

（3）石榴皮多酚工作液的配制　称0.125g石榴皮多酚溶于2.5mL DMSO中，用0.22μm微孔滤膜过滤后，分装于4℃避光保存，作为母液（浓度为$5\times10^4\mu g/mL$）。实验前用培养基依次稀释成一系列所需工作浓度。

（4）MTT工作液（5mg/mL）配制　称一定量的MTT粉末，溶解于pH7.4的PBS中，使其终浓度为5mg/mL，溶好后用微孔滤膜过滤，并以每管1mL分装至1.5mL离心管中，放于-20℃避光保存，长期存放；余下4℃保存，两周内用完。

（5）油红O溶液　0.5g油红O粉末溶于80mL异丙醇，56℃水浴过夜，注意密封，避免异丙醇挥发，储存液最终体积为100mL。染色前，取6mL油红O染色液预热至60℃，滤纸过滤，用去离子水4mL稀释，室温放置10min，0.22μm滤膜过滤。2h内用完。

（6）GW9662溶液配制　将5mg GW9662粉剂溶于361μL DMSO，配成50mmol/L的储备液，每管20μL分装后于4℃保存待用。使用前稀释成工作液。作用终浓度为10μmol/L。稀释时逐滴缓慢加入到培养基中，边加边摇，避免析出。

（7）琼脂糖凝胶电泳试剂的配制　50×TAE配制：称Tris碱242g，$Na_2EDTA\cdot2H_2O$ 37.2g，然后加入800mL去离子水，充分搅拌溶解。加入57.1mL醋酸，充分混匀。加去离子水定容至1L，室温保存。使用前稀释成1×TAE。

2%琼脂糖凝胶配制：称琼脂糖0.8g，溶于1×TAE

40mL 中，用微波炉加热至完全溶化，冷却至 60～70℃加入 2μL EB 替代物，混匀后倒入点样板铺胶并插梳，待胶完全凝固后，拔掉梳子，并将胶移入电泳槽中，加 1×TAE 缓冲液入电泳槽直至液面超过胶表面。

3.2.2　石榴皮多酚提取物高效液相色谱分析

称取石榴皮提取物 100mg，用甲醇配制成适宜浓度，经过滤膜过滤后直接用高效液相色谱仪进行分析检测。

色谱柱 Aglient Zorbax SB-C18（5μm，4.6mm × 250mm），紫外检测波长 280nm，柱温 30℃，进样量 20μL，流动相 A 为水-冰醋酸（99∶1，体积比），流动相 B 为甲醇，流速 1mL/min。检测程序为：0～70min（流动相 A95%～56%，流动相 B5%～44%），70～80min（流动相 A56%，流动相 B44%），80～90min（流动相 A95%，流动相 B5%），90～100min（流动相 B100%）。

3.2.3　小鼠巨噬细胞 Raw264.7 的培养

（1）细胞复苏及传代培养　从液氮罐中取出 Raw264.7 细胞冻存管，迅速置于 37℃水浴中使其尽快融化，与 5 倍体积的 DMEM 完全培养基混匀，离心重悬后，转入细胞培养瓶中培养。培养条件：含 10% FBS 的 DMEM 高糖培养基，37℃、5%CO_2条件下静置培养。待细胞基本铺满80%～90%瓶壁（约48h）后，用胰酶消化液消化2～3min，终止消化，弃去胰酶，以含10% FBS的DMEM高糖培养基轻轻吹打细胞，一分为三进行传代培养。值得注意的是操作过程要轻轻吹打细胞，以避免细胞受到机械损伤。

（2）细胞冻存　取对数生长期生长的Raw264.7细胞，消化后弃消化液，终止消化，加入1mL已配好的冻存液，吹打混匀后移入冻存管中。冻存液是基础培养基、血清、DMSO以4∶5∶1比例混合而成。冻存程序：4℃30min—−80℃冰箱冻存过夜—移入液氮罐中长期保存，或者放入装有至刻度线的异丙醇的冻存盒中直接置于−80℃冰箱中，过夜后移入液氮罐中长期保存。

3.2.4 石榴皮多酚对小鼠巨噬细胞Raw264.7存活率的影响

收集对数生长期的小鼠巨噬细胞Raw264.7，调整到适宜浓度，接种于96孔板，细胞贴壁后分组加药，作用24h后，去除培养液，每孔添加新的基础培养液90μL，避光加入MTT（5mg/mL）溶液10μL，混匀，与培养液共同孵育4h；弃培养液，每孔加DMSO 100μL，37℃孵育10min；紫色结晶全部溶解后，在波长570nm处检测。注意设调零孔（含培养液、MTT和DMSO）、空白对照孔（细胞、培养液、MTT和DMSO），每组设6个平行。以对照组为100%计算各处理组的细胞活力。

3.2.5 Raw264.7巨噬泡沫细胞模型的建立

收集对数生长期的小鼠巨噬细胞Raw264.7，调整到适宜浓度，接种于12孔板，正常培养24h后，更换无血清培养基继续培养12h，使细胞同步化，然后分为正常对照组、泡沫细胞组，正常对照组更换新鲜培养基，泡沫细胞组加入含60μg/mL ox-LDL的培养基。继续培养24h，弃培养基用PBS清洗2次，然后进行油红O染色或者游离胆固醇和总胆固醇的测定。

3.2.6 石榴皮多酚对Raw264.7泡沫细胞内胆固醇蓄积的影响

（1）油红O染色　收集对数生长期的小鼠巨噬细胞Raw264.7，调整到适宜浓度，接种于12孔板，正常培养24h后，更换无血清培养基继续培养12h，使细胞同步化，然后分为正常对照组、模型组和受试物各浓度组（ox-LDL+相关浓度的PPPs受试物），试验处理组是先加各浓度PPPs受试物预处理1h再加ox-LDL，ox-LDL终浓度为 60μg/mL，连续培养 24h 后，弃培养基并用 PBS 洗 2～3 次，进行油红 O 染色。

油红 O 染色：用 10%福尔马林溶液室温固定 20min，PBS 浸洗 1min，60%乙醇浸润 3min，0.3%油红避光染色 20min（根据镜下效果染色时间可以适当延长），60%乙醇分色 30～60s，PBS 洗 1～3 次，根据镜下效果判断，不可过分洗。

（2）细胞内胆固醇的测定　收集对数生长期的小鼠巨噬细胞 Raw264.7，调整到适宜浓度，接种于 6 孔板，正常培养 24h 后，更换基础培养基继续培养 12h 或 24h，使细胞同步化，然后分为正常对照组、模型组（ox-LDL）和受试物各浓度组（ox-LDL＋相关浓度的 PPPs 受试物），先加各浓度 PPPs 受试物预处理 1h 再加 ox-LDL（终浓度为 60μg/mL），连续培养 24h 后，用 PBS 洗涤细胞 2～3 次，去除培养基血清以免影响胆固醇测定。然后直接加裂解液到 6 孔板中对细胞进行裂解，每孔加 100μL 裂解液，振荡使完全裂解，然后一部分用于总胆固醇、游离胆固醇和胆固醇酯的测定，另一部分用于 BCA 法测定蛋白含量以对胆固醇含量进行矫正。胆固醇含量测定用北京普利来胆固醇测定试剂盒，具体操作详见说明书。胆固醇酯的含量是总胆固醇与游离胆固醇的差值。

3.2.7 石榴皮多酚对泡沫细胞清道夫受体基因 mRNA 表达的影响

采用实时荧光定量 PCR（real-time PCR）检测石榴皮多酚对泡沫细胞清道夫受体 SR-A 和 CD36 mRNA 的表达。方法步骤如下：

（1）RNA 提取和质量鉴定　收集对数生长期的小鼠巨噬细胞 raw264.7，调整到适宜浓度，接种于 6 孔板，正常培养 24h 后，分为正常对照组、模型组和受试物各浓度组，ox-LDL 在各浓度 PPPs 加入 1h 后加入，继续培养 24h，用 PBS 清洗 6 孔板 2 次，然后按照 RNA 提取试剂盒说明书（E. Z. N. A. Total RNA Kit I）进行细胞总 RNA 提取。

具体操作步骤如下：

① 经处理的细胞 6 孔板弃去培养上清液，用无菌 PBS 洗涤 2 次，每孔加 350μL 配好的裂解液覆盖所有细胞，慢慢摇动 6 孔板，确保所有细胞均被裂解（可用移液器吹打）。注：如果裂解液结晶，请将瓶子加热使盐溶解。裂解液使用前必须加 β-巯基乙醇，每 1mL TRK 加入 20μLβ-巯基乙醇。该混合液室温下保存 1 周。

② 将裂解细胞转移到无菌无酶 1.5mL EP 管内，涡旋混匀 30s～1min 或吹打均匀（均质化，避免 RNA 产量降

低和层析柱阻塞)。

③ 加入定量的(350μL)70%乙醇,涡旋混匀或吹打均匀。注:用无菌无酶水(1‰ DEPC 水灭菌)稀释无水乙醇至 70%浓度,分装,4℃保存。

④ 把 RNA 结合柱放入 2mL 收集管中,混匀的裂解细胞液转移入柱,10000*g* 室温离心 1min,弃掉收集管内的液体。

⑤ 将 RNA 结合柱放入一新 2mL 收集管,加 300μLRNA wash buffer Ⅰ。室温 10000*g* 离心 1min,弃收集管中的过柱液。

⑥ 将结合柱放入原来的 2mL 收集管中,加 500μLRNA wash buffer Ⅰ。室温 10000*g* 离心 1min,弃收集管中的过柱液。

⑦ 将结合柱放入一新 2mL 收集管,加 500μLRNA wash buffer Ⅱ。室温 10000*g* 离心 1min,弃收集管中的过柱液。注:RNA wash buffer Ⅱ(洗涤缓冲液)使用前用无水乙醇进行稀释,每毫升加无水乙醇 4mL,室温保存。

⑧ 用 RNA wash buffer Ⅱ 500μL 第二次洗柱,室温 10000*g* 离心 1min,弃收集管中的过柱液。

⑨ 然后再将结合柱插入空收集管中,室温 10000*g* 离心 2min。

⑩ RNA 洗脱:将结合柱转移至一无菌无酶 1.5mL 离心管中,将 30μLDEPC 水(试剂盒提供)加在柱子的基质

上，洗脱RNA。室温10000*g*离心1min。洗脱的RNA分装，一部分用于试验，一部分贮存于−70℃冰箱备用。

⑪ RNA质量检测：用Nanodrop2000核酸蛋白测定仪进行RNA浓度和纯度检测。若A_{260}/A_{280}值在1.8～2.0说明RNA纯度较高，在90%～100%。用凝胶电泳检测RNA的完整性。具体过程如下：制备1%琼脂糖凝胶，1μLRNA与3μLloading buffer混合上样，120V电泳20min，在凝胶成像系统中观察条带的完整性。

⑫ RNA提取准备工作和注意事项：操作过程请戴乳胶手套和无菌无酶移液枪头。快速且小心。所有的离心过程温度必须保持在22～25℃。

(2) RNA反转录　本试验利用Thermo反转录试剂盒，取1μg细胞总RNA（利用核酸蛋白测定仪测定的RNA浓度进行测算所加的微升数），利用试剂盒将其反转录成cDNA，反转录体系为20μL，具体操作如下：

将试剂盒中试剂溶化后，短暂离心，放置冰盒上（整个操作过程均在冰上进行）。将下述所有反应试剂混匀。

① 按照下面顺序将试剂依次加入一个无菌无酶的试管中（置于冰盒上）：

总RNA	0.1ng～5μg（1μg）
反应引物	1μL
无水核酸酶	至12μL
总体积	12μL

② 按下列顺序加入反应成分：

5 倍反应缓冲液　4μL

核糖核酸酶抑制剂（20U/μL）　1μL

10mmol/L dNTP 混合物　2μL

逆转录酶（200U/μL）　1μL

总体积　20μL

③ 轻柔混合，然后离心。

④ 42℃水浴锅中加热 60min。

⑤ 70℃孵育（水浴锅中加热）5min 以终止反应。

反转录反应产物 cDNA 可以直接用于 PCR 或者－20℃下储存不超过 1 周。如果长期储存，应－70℃下保存。

（3）引物设计　本试验中所涉及的胆固醇蓄积相关基因为清道夫受体基因 CD36 和 SR-A，选择 β-actin 作为内参，这些基因引物均由上海生工设计并合成。引物相关信息如表 3-2。

表 3-2　引物相关信息

引物名称	引物序列:(5'-3')	片段大小/bp
CD36	F:GTGCTCTCCCTTGATTCTGC	102
	R:CTCCAAACACAGCCAGGAC	
SR-A	F:AACAACATCACCAACGACCTC	122
	R:CCAGTAAGCCCTCTGTCTCC	
β-actin	F:GTCCCTCACCCTCCCAAAAG	266
	R:GCTGCCTCAACACCTCAACCC	

（4）PCR体系退火温度的优化　试验中利用温度梯度PCR优化各目的基因与内参基因的退火温度，加样顺序见表3-3。

表3-3　梯度PCR体系

反应试剂	体积/μL
模板	1～3
上游引物（10μmol/L）	1
下游引物（10μmol/L）	1
2×Taq PCR MaterMix	12.5
ddH_2O（灭菌蒸馏水）	7.5～9.5
总体积	25

将配置好的25μLPCR体系混匀（也可配好分装，最后再加模板），用手指弹管壁，除去气泡，放入离心机快速离心后，放入梯度PCR仪，按照设置好的条件进行PCR反应。PCR反应条件如下：

95℃……………………………5min（预变性）

94℃……………………………30s
退火温度…………………………30s　} 30～40循环
72℃……………………………50s

72℃……………………………10min

PCR反应结束后，取5μL反应液用2%琼脂糖凝胶电泳进行检验，同时通过内参基因GAPDH检验反转录样品的质量。

（5）PCR扩增产物的电泳检测　称琼脂糖0.8g，溶于1×TAE 40mL中，用微波炉加热至完全溶化，冷却至60～70℃加入2μL EB替代物，混匀后倒入点样板铺胶并插梳，待胶完全凝固后，拔掉梳子，并将胶移入电泳槽中，加1×TAE缓冲液入电泳槽直至液面超过胶表面。

吸取PCR扩增产物5μL加入样品孔中，在点样DNA marker 600bp。以100V恒压电泳20～30min。

取出凝胶，用UVP凝胶成像系统扫描成像，分析扩增结果。以无杂带无引物二聚体、目的基因条带清晰亮度较好为前提确定最佳各基因的退火温度。

（6）实时荧光定量PCR　选择10μL的定量体系。按照表3-4中的加样剂量和加样顺序，配制好不同处理的反应体系，置于real-time PCR专用的96孔板内，用Thermo Fisher PIKO REAL 96 real-time PCR仪在各基因最佳退火温度下进行PCR扩增，反应程序见表3-5，检测内参基因及目的基因的扩增情况。

表3-4　加样剂量及顺序

反应试剂	体积/μL
SYBR Premix Ex Taq™ Ⅱ	5
上游引物(10μmol/L)	0.3
下游引物(10μmol/L)	0.3
DNA模板	0.5
ddH_2O(灭菌蒸馏水)	3.9
总体积	10

表 3-5　实时定量反应程序

步骤	温度/℃	时间	循环数
1	50	2min	1
2	95	10min	1
3	95 退火温度	15s 60s	40
4 溶解曲线	退火温度 退火温度—95	30s	1

3.2.8 石榴皮多酚对泡沫细胞清道夫受体蛋白表达的影响

采用蛋白质免疫印迹法（Western blot，WB）检测石榴皮多酚对泡沫细胞清道夫受体 CD36 和 SR-A 以及过氧化物酶体增殖物激活受体 PPARγ 的蛋白表达。其原理是根据蛋白质分子量大小不同，通过 SDS-PAGE 电泳后使不同分子量的蛋白质分离开来。所需试剂及操作如下：

(1) 蛋白质免疫印迹试剂　Western blot 相关试剂如表 3-6。

表 3-6　蛋白质免疫印迹试剂

试剂	厂家	货号
RIPA 裂解液	康为世纪	CW2333
50* cooktail	武汉谷歌生物科技	G2006

续表

试剂	厂家	货号
PMSF(100mmol/L)	西安依科生物	YK201
磷酸化蛋白酶抑制剂	武汉谷歌生物科技	G2007
BCA 蛋白定量检测试剂盒	康为世纪	CW0014
5* 蛋白上样缓冲液	西安依科生物	YK039
SDS-PAGE 凝胶制备试剂盒	康为世纪	CW0022
蛋白 Marker	Therm(Fermentas)	26616
TRIS	Solarbio	T8060
甘氨酸	Solarbio	G8200
SDS	Solarbio	S8010
PVDF 膜(0.45μm)	millipore	IPVH00010
PVDF 膜(0.22μm)	millipore	ISEQ00010
脱脂奶粉	国产	G5002
BSA	roche	G5001
TWEEN 20	Solarbio	T8220
ECL	康为世纪	CW0048
显影定影试剂	康为世纪	CW0063/CW0062
β-actin	康为世纪	CW0096
Histone H3	bioworld	BS1661
HRP 标记山羊抗小鼠	康为世纪	CW0102
转移缓冲液	康为世纪	YK039
电泳缓冲液	康为世纪	CW0045
TBS 缓冲液	康为世纪	CW0042

(2) 细胞蛋白的提取　弃去培养液，用4℃预冷的PBS多次洗涤培养板里的细胞，然后把细胞置于冰上。每孔加入适当体积含有蛋白酶抑制剂PMSF的RIPA细胞裂解液（现用现加蛋白酶抑制剂），让细胞在冰上充分裂解，期间反复晃动培养板，使试剂与细胞充分接触，轻轻吹打让细胞尽快裂解，全程均在冰浴条件下操作。显微镜下确定细胞完全裂解后，收集细胞裂解液至1.5mL EP离心管中。然后4℃、10000r/min离心5min，收集上清转移至另一EP管，即为总蛋白溶液，用BCA法测蛋白浓度，其他置于−80℃保存待测。

(3) 制备SDS-PAGE电泳凝胶　10%分离胶的配制(10mL)：30%丙烯酰胺（29∶1）3.3mL，蒸馏水4mL，1.5mol/L Tris-HCl（pH8.8）2.5mL，10%SDS 100μL，AP 100μL，TEMED 5μL。

5%浓缩胶的配制（6mL)：30%丙烯酰胺（29∶1）1mL，蒸馏水4mL，1mol/L Tris-HCl（pH6.8）1mL，10%SDS 80μL，AP 60μL，TEMED 8μL。

(4) SDS-PAGE电泳　将洗净擦干的玻璃板对齐放入夹中卡紧，对齐两玻璃，以防胶液漏出。灌制分离胶，上面加少量去离子水以隔绝空气，保持胶表面凝固时光滑，胶凝固后（30～45min）去除上层去离子水，并用滤纸将余水吸干。

在分离胶上直接灌注浓缩胶，立即插入样品梳子，避免气泡，待胶凝固后，添加足够的电泳缓冲液，小心取出梳子，将处理好的样品加入各电泳孔中，直接进行电泳。浓缩胶电压 75V，分离胶用 120V。以溴酚蓝刚跑出为终点，结束电泳，从玻璃板上取下胶片并转膜。

(5) 免疫印迹 转膜，即把电泳分离的样品从凝胶转移到载体 PVDF 膜上。准备滤纸和 PVDF 膜，并将膜用甲醇活化。将活化好的 PVDF 膜及其他用品浸泡入电转液中；然后按照黑色板、纤维垫、滤纸、凝胶、PVDF 膜、滤纸、纤维垫、白色板依次放好，注意去除气泡。然后，进行转膜。300mA 恒流转膜 0.5h，或者 200mA 转膜 2h。转膜结束后，取出转好的 PVDF 膜，用滤纸吸干电转液。

免疫反应：将转好的膜放入封闭器，加 5% 的脱脂奶粉，置于脱色摇床上室温封闭 2h。封闭结束后，取出 PVDF 膜，用滤纸吸干封闭液，加入稀释好的一抗，4℃孵育过夜。用 TBST 摇床漂洗 3 次，每次 5min。洗脱好的 PVDF 膜，用滤纸吸干洗脱液；然后与稀释好的二抗进行孵育，室温摇床孵育 2h，然后摇床洗脱 3 次，每次 5min。

曝光：将 ECL 底物按照 1∶1 体积比进行配制，现配现用，将 PVDF 膜用滤纸吸干，然后蛋白面与 ECL 底物混合液充分接触，放入暗匣中机器曝光。根据不同的光强度调整曝光条件。

凝胶图像分析：将胶片进行扫描存档，Photoshop 软件整理去色，Bandscan 或 quantity-one 软件处理系统分析条带灰度值。

3.2.9 数据处理与统计分析

所得数据采用均数±标准差（mean±SD）表示，用SPSS13.0或DPS统计软件分析，差异显著性检验采用单因素方差分析，并用Duncan法进行多重比较。

3.3 结果与分析

3.3.1 HPLC鉴定石榴皮多酚组成成分

本试验用PPPs多酚含量为60%（紫外检测），经HPLC分析（图3-1）得知其具体组成为：没食子酸112.46mg/g，安石榴苷98.12mg/g（包括安石榴苷-α和安石榴苷-β），儿茶素64.50mg/g，绿原酸2.78mg/g，表儿茶素30.64mg/g，鞣花酸206.42mg/g。从结果可以看出，本试验所用石榴皮多酚主要成分为鞣花酸、没食子酸和安石榴苷。

3.3.2 石榴皮多酚对Raw264.7巨噬细胞的安全浓度

PPPs对小鼠巨噬细胞存活率的影响见图3-2。MTT

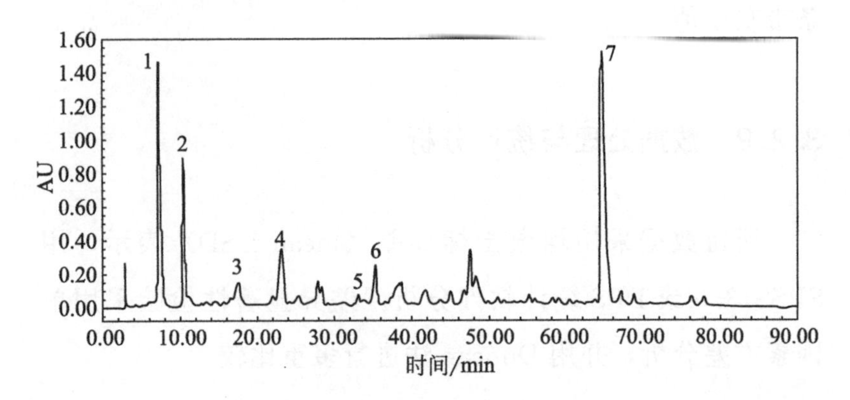

图 3-1　HPLC 检测 PPPs 组成图

1—没食子酸；2—安石榴苷-α；3—安石榴苷-β；4—儿茶素；

5—绿原酸；6—表儿茶素；7—鞣花酸

[HPLC 条件：安捷伦 SB-C18 柱（55μm，4.6mm×250mm），

检测波长 280nm，柱温 30℃，进样 20μL]

试验结果显示，在 PPPs 1～200μg/mL 浓度范围内，随着浓度的增大，巨噬细胞 Raw264.7 的存活率逐渐降低，5、10、25、50、100μg/mL 的 PPPs 作用 24h 后，细胞存活率分别为 104.51%、101.54%、97.50%、94.42%、91.31%，与对照组相比均无显著差异；PPPs 200μg/mL 作用 24h 后，细胞存活率为 58%，与对照组相比有极显著差异。本试验提供了后续试验的 PPPs 参考浓度范围为 0～50μg/mL，排除了在实验范围内由于受试物毒性引起细胞数量减少所致的影响。

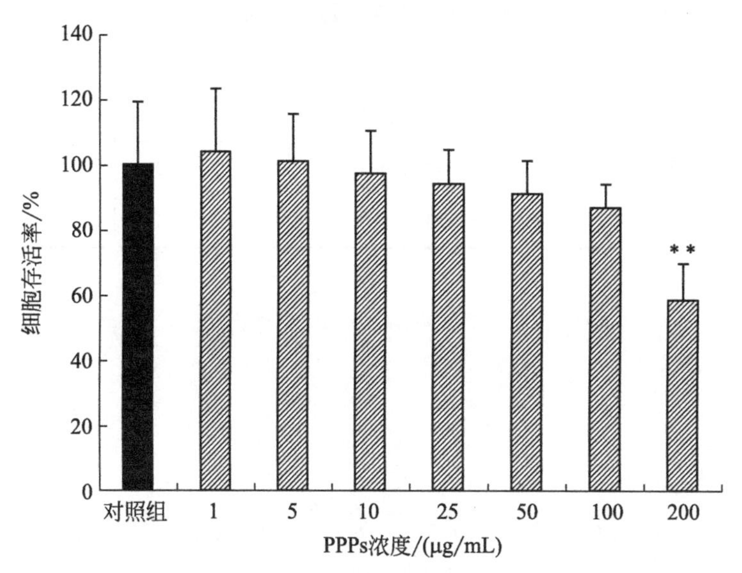

图 3-2　PPPs 对 Raw264.7 巨噬细胞存活率的影响

[与空白对照组相比，* * 表示差异极显著（$p<0.01$）]

3.3.3　Raw264.7 巨噬细胞源性泡沫细胞模型的建立

Raw 264.7 巨噬细胞与终浓度为 60μg/mL 的 ox-LDL 共同孵育 24h 后，总胆固醇、游离胆固醇和胆固醇酯含量均大量增加，总胆固醇增加了几乎 2 倍，此时，细胞内胆固醇酯占总胆固醇的比例（CE/TC）大于 50%，表示泡沫细胞模型建立成功。具体测定和显微镜观察结果如表 3-7 和图 3-3。

表 3-7 细胞泡沫化程度

单位：mg/g 蛋白

组别	总胆固醇(TC)	游离胆固醇(FC)	胆固醇酯(CE)	CE/TC/%
巨噬细胞	15.82±1.92	11.12±0.52	4.70±1.37	29.7
泡沫细胞	45.35±2.78	21.70±0.57	23.65±2.34	52.1

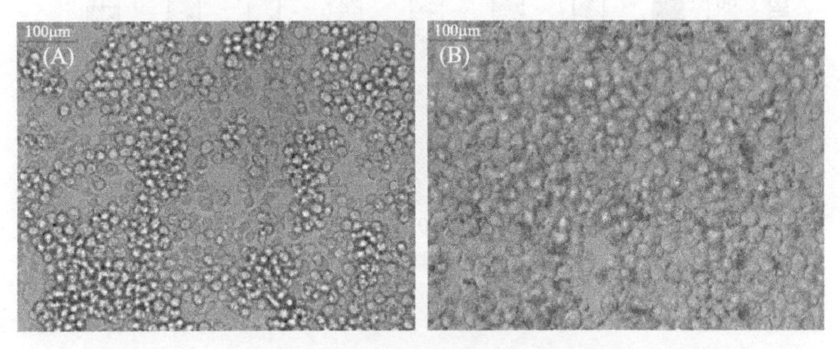

图 3-3 巨噬细胞和泡沫细胞油红 O 染色图（×400）

(A) 巨噬细胞；(B) 泡沫细胞

显微镜下观察油红 O 染色结果。结果显示，巨噬细胞内无明显红色脂滴，而泡沫细胞内有大量红色脂滴存在，进一步显示了泡沫细胞模型的建立。

3.3.4 石榴皮多酚对泡沫细胞内胆固醇含量的影响

（1）油红 O 染色观察石榴皮多酚对小鼠泡沫细胞内脂质蓄积的影响　为了探讨受试物 PPPs 对泡沫细胞形成的抑制作用，本试验用油红 O 染色和细胞内胆固醇测定的方法来检测细胞内胆固醇的蓄积情况。

不同浓度 PPPs 预处理 Raw264.7 细胞 1h 后，加入 ox-LDL 共同作用泡沫细胞 24h 后，油红 O 染色结果如图 3-4。Raw264.7 巨噬细胞对照组油红 O 染色结果显示无明显脂滴；60μg/mL ox-LDL 组细胞内脂滴数量明显增加，形成了泡沫细胞；不同浓度 PPPs 预处理组，细胞内脂滴数量与泡沫细胞相比减少，且随着 PPPs 作用浓度的增大，脂滴数量呈现逐渐减少的趋势，说明 PPPs 有降低小鼠巨噬泡沫细胞脂滴蓄积的作用，且具有浓度依赖效应。

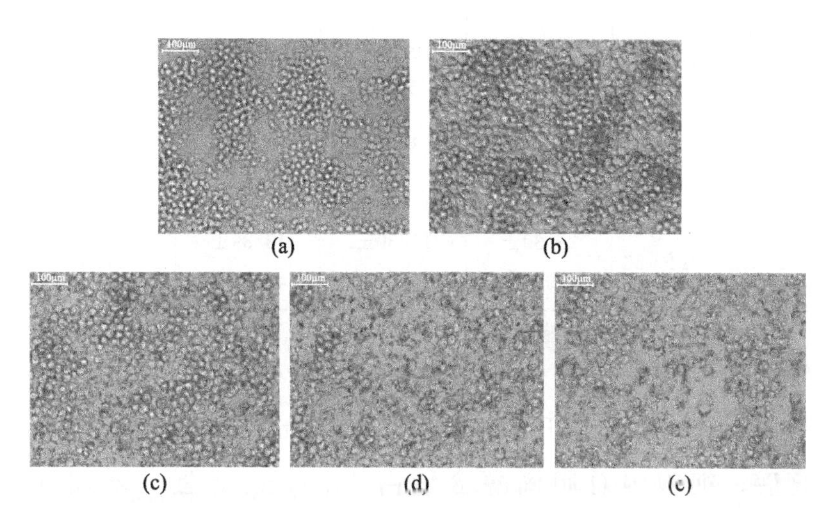

图 3-4　油红 O 染色观察小鼠 Raw264.7 巨噬泡沫细胞中的脂滴（×400）

(a) 巨噬细胞；(b) ox-LDL（泡沫细胞模型）；(c) ox-LDL+5μg/mL；
(d) ox-LDL+25μg/mL；(e) ox-LDL+50μg/mL。

(2) 石榴皮多酚对泡沫细胞内胆固醇含量的影响　不同浓度 PPPs 预处理 Raw264.7 细胞 1h 后，加入 ox-LDL

共同作用泡沫细胞 24h 后，测定细胞内总胆固醇和游离胆固醇含量，结果如表 3-8。

表 3-8 PPPs 对细胞内胆固醇含量的影响

单位：mg/g 蛋白

组别	总胆固醇(TC)	游离胆固醇(FC)	胆固醇酯(CE)	(CE/TC)/%
control(巨噬细胞)	14.64±4.95	9.91±0.36	4.73±4.43	32.3
ox-LDL(泡沫细胞)	42.11±2.93##	20.70±0.69##	22.11±2.13##	52.5
ox-LDL+PPPs-5	37.56±3.85	19.94±1.59	17.62±3.65	46.9
ox-LDL+PPPs-25	31.82±1.21*	18.09±0.80*	13.73±1.24**	43.1
ox-LDL+PPPs-50	29.39±4.94**	15.50±1.08**	13.89±4.49**	47.3

注：##指与巨噬细胞相比差异极显著（$p<0.01$），*、**指与泡沫细胞相比差异显著（$p<0.05$）和极显著（$p<0.01$）。

小鼠巨噬细胞 Raw264.7 与 60μg/mL ox-LDL 共同孵育后，细胞内总胆固醇含量由 14.64mg/g 蛋白增加到 42.11mg/g 蛋白，有极显著的差异，细胞内 CE/TC 达到了 50%以上。不同浓度 PPPs 预处理组与泡沫细胞相比，随 PPPs 作用浓度的增大，细胞内总胆固醇含量逐渐降低。PPPs 作用浓度达到 25μg/mL 时，总胆固醇含量显著降低，降低了 24.43%；达 50μg/mL 浓度时，总胆固醇含量极显著下降（下降了 30.21%）。

关于游离胆固醇，泡沫细胞与巨噬细胞相比有极显著的升高，PPPs 预处理泡沫细胞后，处理组细胞内游离胆固醇比未处理泡沫细胞（模型组）有明显下降。25μg/mL 浓度处理组游离胆固醇含量与模型组相比有显著的降低（下降了 12.60%），50μg/mL 浓度处理组与泡沫细胞（模型组）相比达到了极显著的差异，下降程度达 25.12%。

泡沫细胞与巨噬细胞相比，胆固醇酯有极显著的升高，PPPs 处理组与未处理泡沫细胞（模型组）相比，处理组细胞内胆固醇酯有明显下降，细胞泡沫化程度明显降低，说明石榴皮多酚具有抑制泡沫细胞形成的作用。

3.3.5 石榴皮多酚对泡沫细胞清道夫受体 CD36 和 SR-A mRNA 和蛋白表达的影响

巨噬细胞膜上的清道夫受体 CD36 和 SR-A 识别和摄取 ox-LDL 并进入细胞，造成细胞内脂质大量蓄积，导致泡沫细胞形成，所以 CD36 和 SR-A 被认为是主要的致 AS 受体。因此，我们测定了石榴皮多酚对 CD36 和 SR-A 受体的影响。不同浓度的石榴皮多酚分别与 Raw264.7 巨噬细胞在含 ox-LDL 的培养基中共同孵育 24h 后，采用荧光定量 PCR 和 wester-blot 方法检测 Raw264.7 巨噬细胞 CD36 和 SR-A mRNA 和蛋白的表达，结果见图 3-5。

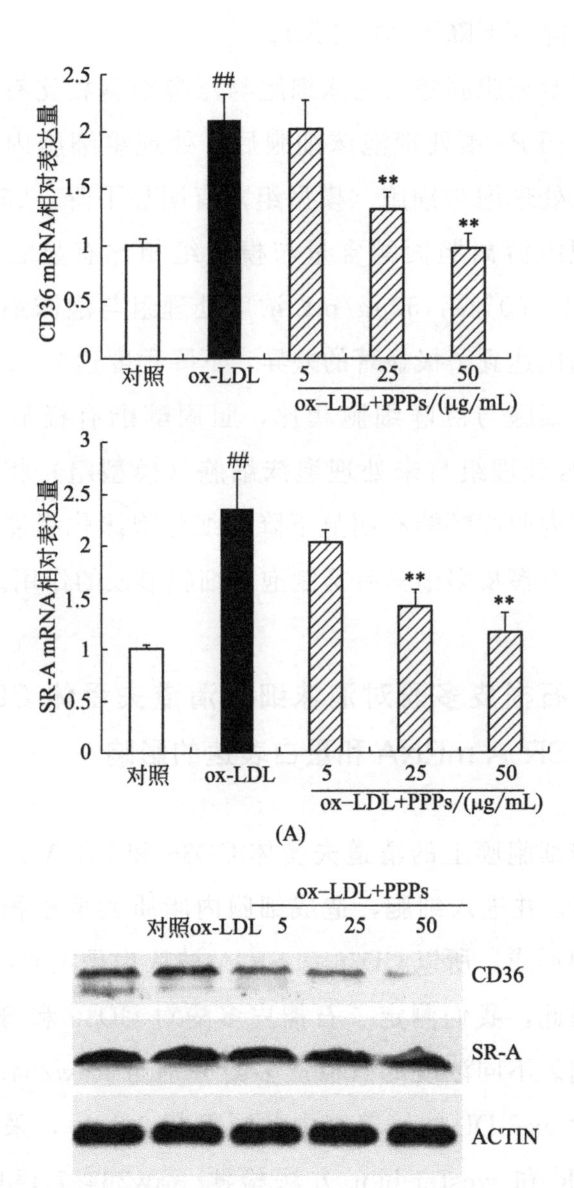

CD36 mRNA相对表达量
2.5
2
1.5
1
0.5
0
##
**
**
对照
ox-LDL
5
25
50
ox−LDL+PPPs/(μg/mL)
SR-A mRNA相对表达量
3
2.5
2
1.5
1
0.5
0
##
**
**
对照
ox-LDL
5
25
50
ox−LDL+PPPs/(μg/mL)
(A)
ox−LDL+PPPs
对照
ox-LDL
5
25
50
CD36
SR-A
ACTIN

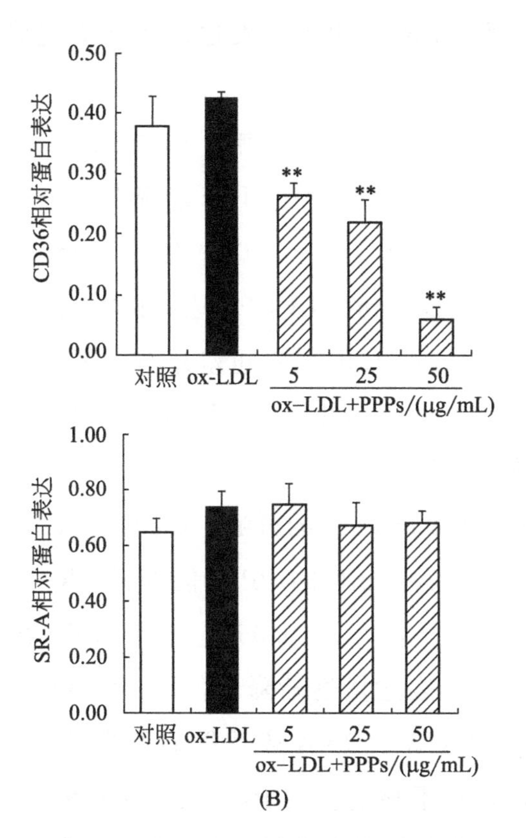

图 3-5　PPPs 对 Raw264.7 巨噬细胞 CD36 和 SR-A mRNA 蛋白表达的影响

（A）CD36 和 SR-A mRNA 的表达；（B）CD36 和 SR-A 相对蛋白表达

[与泡沫细胞相比，* * 表示差异极显著（$p<0.01$）]

巨噬细胞与 ox-LDL 共同孵育 24h 后变成泡沫细胞，泡沫细胞的 CD36 和 SR-A mRNA 和蛋白表达与巨噬细胞相比均有所升高；不同浓度 PPPs 预处理组与泡沫细胞相比，CD36 mRNA 和蛋白的表达均显著降低，且明显的呈剂量效应关系，SR-A 的蛋白表达也有下降趋势。具体表现如下：

（1）对 CD36 mRNA 的影响　如图 3-5（A）所示，与泡沫细胞相比，10μg/mL 的 PPPs 能降低 CD36 mRNA 的表达，但影响不显著（$p>0.05$）；25、50μg/mL 的 PPPs 进一步降低了 CD36 mRNA 的表达，且影响极显著（$p<0.01$），25、50μg/mL 两剂量间差异不显著。而且，PPPs 对 CD36 mRNA 的表达的影响在该试验浓度范围内存在良好的剂量效应关系。

（2）对 SR-A mRNA 的影响　如图 3-5（A）所示，与泡沫细胞相比，5μg/mL 的 PPPs 能降低 SR-A mRNA 的表达，但影响不显著（$p>0.05$）；随着 PPPs 浓度的增加，SR-A 的 mRNA 表达量逐渐降低，10、25 和 50μg/mL 的 PPPs 可以使 SR-A mRNA 表达极显著降低（$p<0.01$），三个剂量间差异不显著。PPPs 对 SR-A mRNA 的表达的影响在该试验浓度范围内也呈现良好的浓度依赖性。

（3）对 CD36 和 SR-A 蛋白表达的影响　PPPs 对 CD36 和 SR-A 蛋白表达的影响如图 3-5（B）。巨噬细胞与 ox-LDL 共同孵育 24h 后，CD36 和 SR-A 蛋白表达均有不同程度的增加；PPPs 预处理组则显著降低了 CD36 的表达，且呈现良好的浓度依赖性；PPPs 对 SR-A 的蛋白表达也有降低作用，但差异不显著。

3.3.6 对 PPARγ 的影响

与巨噬细胞对照组相比，ox-LDL 作用巨噬细胞 24h 后，PPARγ 蛋白的表达有一定程度的升高，从石榴皮多酚预处理组三个剂量 5、25 和 50μg/mL 对 PPARγ 蛋白表达影响的整体趋势上看，石榴皮多酚对 PPARγ 蛋白的表达有下调作用（图 3-6）。

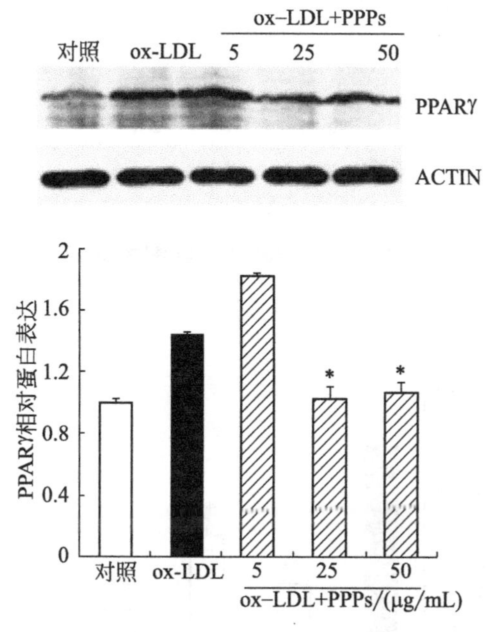

图 3-6　石榴皮多酚对 Raw264.7 巨噬细胞 PPARγ 蛋白表达的影响

[*指与泡沫细胞相比差异显著（$p<0.05$）]

PPARγ 通过对 CD36 调控影响胆固醇流入。本试验发现石榴皮多酚对 CD36 和 PPARγ 蛋白表达均具有降低作用，因此用 PPARγ 抑制剂 GW9662 进行了验证。结果见图 3-7（A），可以看出 GW9662 抑制了 CD36 的表达，说明 PPARγ 确实参与了 CD36 的调节，50μg/mL PPPs 剂量组降低了 CD36 表达，而且 GW＋50μg/mL PPPs 剂量组表达量更低于 GW 组，说明石榴皮多酚抑制泡沫细胞胆固醇流入是通过下调 CD36 和 PPARγ 蛋白表达双重作用实现的。同时，从胆固醇含量上，我们也证实了这一点［图 3-7（B）］。

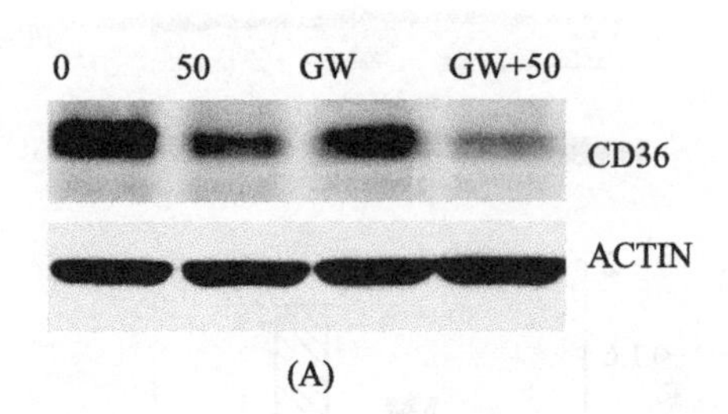

(A)

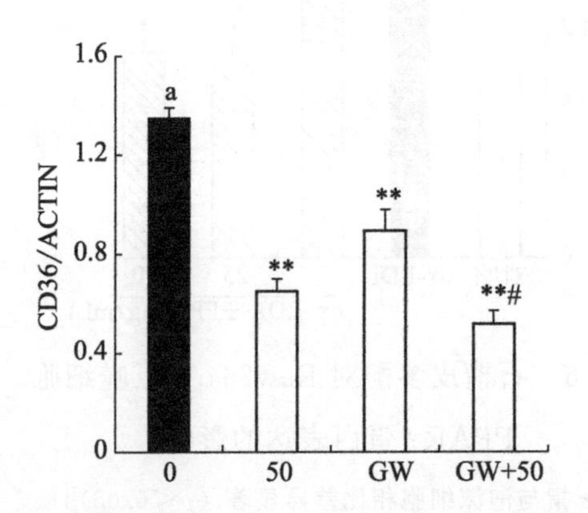

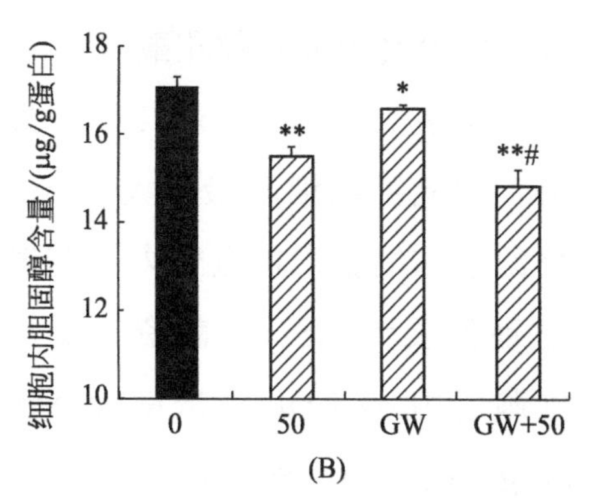

图 3-7　GW9662 抑制了 PPPs 对 CD36 蛋白表达的调控。

（A）蛋白表达；（B）胆固醇含量

[图中横坐标，0——泡沫细胞，50——50μg/mLPPPs 剂量，GW——10μg/m LGW9662，GW＋50——10μg/mL GW9662＋50μg/mLPPPs；*、**代表与对照组相比差异显著和极显著（$p<0.05$ 和 $p<0.01$）；

#代表与 PPPs50 剂量组相比差异显著（$p<0.05$）]

3.4　讨论

石榴中多酚物质含量丰富。但石榴产地不同、品种不同，多酚含量和组成均有差异。有资料显示中国不同产地压榨石榴汁中，石榴多酚单体含量最高的是安石榴苷，李国秀和李梦颖论文研究结果也指出石榴皮多酚中含量最高的单体是安石榴苷。本实验用石榴皮多酚由商业公司提供，没食子酸和鞣花酸相对含量更高些，这是因为有些公司在提取制备过程中对大分子水解单宁如安石榴苷进行了降解处理为小分子的没食子酸和鞣花酸。

由于巨噬细胞清道夫受体对 ox-LDL 的摄入不受胆固醇水平反馈调节，因此巨噬细胞摄入大量 ox-LDL 后可以形成为脂质负荷的泡沫细胞，在血管内皮刺激受损时会聚集在受损部位进而发展为 AS。文献资料显示，诱导巨噬细胞源性泡沫细胞所用 ox-LDL 的浓度大小和孵育时间长短不一，有 50μg/mL 48h、80μg/mL 24h 和 100μg/mL 24h 等，提示 ox-LDL 浓度和孵育时间可能都与泡沫细胞形成有关。泡沫细胞形成的鉴定，目前一般从细胞学形态和胞内胆固醇定量检测来同时分析，一是细胞浆内脂质成分聚集成滴，油红 O 染色可见大量脂滴，胞浆呈泡沫样改变；二是细胞内胆固醇酯（CE）占总胆固醇（TC）的比例，当 CE/TC 值大于 50%时即认为泡沫细胞形成。实验数据表明，低浓度 ox-LDL 有利于细胞的增殖，高浓度 ox-LDL 对细胞产生毒性，可以引发细胞的凋亡。本研究采用 60μg/mL ox-LDL 诱导巨噬细胞 24h 后，可见大量脂滴，且 CE/TC 值大于 50%，因此本试验中用 60μg/mL ox-LDL 来泡沫细胞的形成。

在 AS 发生的初始阶段，清道夫受体 CD36 和 SR-A 是参与泡沫细胞形成的两个重要受体，并参与局部炎症反应、巨噬细胞活化、黏附和细胞间的相互作用。一些研究表明，抑制 CD36 和 SR-A 表达可以抑制泡沫细胞的形成，从而抑制了动脉粥样硬化的发生。

近年来，关于植物多酚通过降低清道夫受体CD36及SR-A及AS和抗高脂血症作用的研究越来越多。茶多酚，其主要活性成分为EGCG，能降低血管内皮细胞ROS损伤并能抑制CD36的表达；白藜芦醇（RSV）能刺激ox-LDL诱导的泡沫细胞CD36 mRNA和蛋白的表达；花青素据报道能够下调CD36基因以抑制泡沫细胞的形成。但石榴多酚是否能够减少CD36的表达或促进胆固醇流出以抗AS并不完全清楚。Bianca Fuhrman（2005）报道，石榴汁（PJ）能够通过减少巨噬细胞胆固醇合成、减少ox-LDL的摄取达到抑制J774. A1巨噬细胞泡沫细胞的形成以及动脉粥样硬化病变的发展的作用，但PJ减少的ox-LDL摄取并不是通过下调CD36实现。本研究中检测了石榴皮多酚对巨噬细胞CD36和SR-A的影响。结果显示，石榴皮多酚可以显著下调CD36mRNA和蛋白表达，而对SR-A蛋白表达无显著影响。这一研究结果之间的差异可能是由于细胞和实验材料的差异，但更多的原因可能在于石榴汁有效活性成分含量过低，而PPPs中多酚活性物质更为集中，浓度更高，且有效成分也更加多样化。

有研究表明，Ox-LDL可以通过活化转录因子PPARγ诱导CD36 mRNA和蛋白表达。本试验考察了石榴皮多酚对PPARγ的影响，结果发现高浓度PPPs确实下调了PPARγ基因的表达，并用PPARγ特异抑制剂GW9662对PPARγ-CD36通路进行了验证，表明石榴皮多酚确实对

CD36 和 PPARγ 均具有下调作用，从而抑制了巨噬细胞胆固醇的流入和泡沫细胞形成，因而具有预防 AS 作用，在一定程度上揭示了其部分分子机制。

3.5 小结

（1）本研究采用市场商品化石榴皮多酚提取物，经 HPLC 分析测定，其主要活性成分是安石榴苷、鞣花酸和没食子酸。

（2）石榴皮多酚在 100μg/mL 浓度范围内对 Raw 264.7 巨噬细胞无毒性。

（3）石榴皮多酚能够下调 ox-LDL 诱导的 Raw 264.7 巨噬细胞胆固醇流入，明显降低 Raw 264.7 巨噬泡沫细胞内胆固醇的含量，具有抑制巨噬细胞源性泡沫细胞形成的作用，因而具有预防 AS 的潜力，其分子机制之一可能是通过石榴皮多酚在一定程度上抑制了巨噬细胞清道夫受体 CD36 及脂质代谢调控因子过氧化酶增殖物激活受体 PPARγ 的蛋白表达实现的。

第4章

石榴多酚促进泡沫细胞胆固醇流出的研究

除调节胆固醇摄入外，胆固醇流出也是维持巨噬细胞胆固醇平衡的关键环节。促进胆固醇流出，可减少胆固醇在细胞内的蓄积，可预防和阻止泡沫细胞的形成，这对抗AS的发生具有重要意义。胆固醇流出是一个极其复杂的过程，蓄积在巨噬细胞内的胆固醇酯被中性胆固醇酯水解酶（Neutral cholesterol ester hydrolase，nCEH）分解为游离胆固醇，游离胆固醇可由以下三种途径流出：①水溶性扩散。这是一种被动扩散，由富含磷脂的受体介导，主要依赖于细胞膜内外胆固醇浓度梯度，浓度梯度则直接决定了扩散速率，只有当细胞内胆固醇浓度高于细胞外时，胆固醇才能通过HDL介导排出细胞外，而且游离胆固醇与HDL结合的方式属“随机碰撞结合”，碰撞频率同样影响流出速率，所以水溶性扩散在胆固醇逆转运中作用微乎其微。②ABCA1/apoA-1和ABCG1/HDL途径。由ABCA1介导的磷脂和胆固醇从细胞主动流出到apoA-1，由ABCG1介导的胆固醇从细胞流到HDL。③清道夫受体

SR-B1 介导的胆固醇外流，SR-B1 介导的胆固醇流动是双向的，既可以促进 FC 的外流，又可以促进 FC 的内流，并且类似于水溶性扩散，由胆固醇浓度梯度决定着 SR-B1 介导 FC 流入或流出。除了介导 FC 的双向流动之外，SR-B1 还可以选择性介导其他脂蛋白的摄入，如胆固醇酯、磷脂和甘油三酯，该介导过程是单向的，并且还可以介导 HDL 内的胆固醇酯和甘油三酯的选择性流出，提高 HDL 则能促进 HDL 介导的 FC 流出。

(1) ABCA1　ATP 结合盒转运蛋白（ATP-binding cassette transporter，ABC）家族，是以 ATP 为能源，可对蛋白质、胆固醇、磷脂、细胞毒素和药物等多种底物进行转运。目前，已发现 ABC 家族有 7 个亚族，分别为 A、B、C、D、E、F 和 G，共 48 个成员，各成员之间有共性也有各自的特点。其中与细胞内胆固醇逆转运（Reverse cholesterol transport，RCT）有关的成员主要是 ABCA1 和 ABCG1。ABCA1 是一种整合膜蛋白，是胆固醇逆转运的守门员，是 RCT 关键的起始环节。它的跨膜结构在细胞膜中形成一个孔道，孔道有一个开口直接通向细胞外，另一个开口通向胞质，转运脂类等配体先从细胞膜的脂质到孔道，再由孔道转运至细胞外的接受体。ABCA1 可转运多种分子，其中包括胆固醇和其他亲脂性物质，通过介导胆固醇转运至 apoA-1 载脂蛋白，从而阻止巨噬泡沫细胞形成。

ABCA1 作为胆固醇的转运蛋白，主要通过消耗 ATP 来介导蛋白质、磷脂、胆固醇等多种物质的跨膜转运。研究表明，ABCA1 可以刺激胆固醇和磷脂流出与 apoA-I 结合。针对这一通路，人们提出了很多种介导机制，如 ABCA1 与 apoA-I 直接结合，或者是由 ABCA1 的过表达介导了 apoA-I 与胆固醇和磷脂的结合，以及胆固醇氧化酶对胆固醇的氧化作用刺激了胆固醇和磷脂的有效流出，导致血浆胆固醇浓度及分布发生改变。ABCA1 与 apoA-I 结合主要是由 ABCA1 激活的磷脂双分子层中的区域与 apoA-I 分子 C 端的 α 螺旋的结合，然后在 apoA-I 的作用下，形成胆固醇或磷脂与 apoA-I 的复合物，进一步生成 HDL，促进胆固醇的转运。还有研究表明 ABCA1 转运磷脂和胆固醇可能是同时进行的，也可能是在转运胆固醇后的极短时间内转运磷脂，这其中可能还有其他的转运子参与进来，包括 ABCG1 和 SR-B1 等。

(2) ABCG1　近年来 ABCG1 被发现对胆固醇也具有重要影响，也引起了人们的重视，已证实 ABCG1 可以介导胆固醇流到 HDL。它在细胞内、细胞膜上均有表达。在巨噬细胞中，胆固醇含量较丰富时，ABCG1 的表达高于 ABCA1，两者联合作用，共同介导细胞内过量的胆固醇以游离胆固醇形式排出。

(3) SR-B1　SR-B1 属于 CD36 膜蛋白家族，与 CD36 同属清道夫受体。SR-B1 也位于细胞膜上，呈马蹄形拓扑结构，为含509个氨基酸残基的糖蛋白，由2个胞质域、2个跨膜域和1个胞外域组成。SR-B1也是通过与HDL介导，促进胆固醇逆转运。在胆固醇逆转运过程中，SR-B1作用较为复杂，一方面可以介导胆固醇从细胞内流出至HDL，HDL将胆固醇转运至肝脏，另一方面还可以介导肝脏、类固醇激素生成组织对胆固醇酯的选择性摄取。除此之外，法尼酯衍生物X受体（FXR）也可能是通过SR-B1途径促进胆固醇流出。

(4) LXRα　胆固醇是机体内必不可少的营养成分，机体在正常生理状况下，其代谢处于一动态平衡中。如其代谢平衡受到破坏，则会引发高胆固醇血症、动脉粥样硬化等多种严重疾病。因此，研究胆固醇代谢过程极其重要。胆固醇的代谢受多重因子调节，如肝X受体（LXR，Liver X Receptors）就是调节因素之一。LXRs是一类与脂类代谢有关的核受体，分为LXRα、LXRβ两种，它们都可以与类视黄醇X受体（RXR，Retinoid X Receptor）形成异源二聚体LXR/RXR。目前已知的与胆固醇相关的LXR靶基因主要有胆固醇7α羟化酶（cholesterol 7α-hydroxylase，CYP7A1）、ATP结合盒转运蛋白A1（ABCA1，ATP-binding cassette transporter A1）、ATP结合盒转运蛋白G1（ABCG1，ATP-binding cassette transporter G1）、ATP结合盒转运蛋白G5（ABCG5，ATP-binding cassette transporter G5）、ATP结合盒转运蛋白

G8（ABCG8，ATP-binding cassette transporter G8）等。CYP7A1 主要表达在肝细胞，ABCG5、ABCG8 主要分布在肝细胞和肠上皮细胞的细胞膜上，它们共同促进胆固醇向胆汁酸转化、促进胆固醇向胆汁中直接排放。ABCA1、ABCG1 主要分布在巨噬细胞和肠上皮细胞，ABCA1、ABCG1 则参与胆固醇排出体外。激活 LXR，则可上调 ABCA1、ABCG1 基因的表达，促进巨噬细胞内的胆固醇介导流出，入血的胆固醇由 HDL 转运回肝，最后以胆汁酸或游离胆固醇的形式排出体外。总之，LXR 能通过多条代谢通路介导细胞内多余胆固醇的流出，排出机体多余的胆固醇，已成为高胆固醇血症、动脉粥样硬化等疾病治疗的靶点之一。

（5）PPARs　过氧化酶增殖物激活受体（Peroxisome proliferator activated receptors，PPARs）是一类配体激活的核转录因子超家族成员，包括 PPAR-α、PPAR-β/δ 和 PPAR-γ 三种表型。三种表型中 PPAR-γ 研究最为深入，它与巨噬细胞内胆固醇平衡密切相关，是参与脂质代谢的重要因子，可以通过抑制泡沫细胞的分化、炎症反应以及细胞增殖来抑制动脉粥样硬化的发生发展。

一方面，PPAR-γ 与胆固醇摄入有关。清道夫受体 CD36 识别氧化低密度脂蛋白（ox-LDL），摄取其进入细胞内，进入细胞内的脂质可以激活过氧化物酶体增殖物激活受体-γ（PPARγ），PPARγ 又可与视黄醇类 X 受体

(RXR-α) 形成异源二聚体，结合 CD36 的启动子，从而活化 CD36，形成 CD36-ox-LDL-PPARγ-CD36 这一恶性循环过程，加速泡沫细胞形成。

但同时 PPARγ 还调控了另一条信号通路——胆固醇逆转运。胆固醇逆转运指肝外组织胆固醇流出至细胞外受体并转运到肝脏，通过肝脏代谢生成胆汁酸排出体外这一过程。早期的研究表明，PPARα 与 PPARγ 激动剂均能上调 LXR mRNA 的表达来上调 ABCA1 的表达，从而促进胆固醇的流出和胆固醇逆转运过程。但 Mónica 等用 PPARγ 激动剂罗格列酮处理高胆固醇兔子后，检测 LXRα 与 IL-1β 的表达，发现 PPARγ 激动剂可以增加 LXRαmRNA 的表达，降低 IL-1β 水平，但没有改变 ABCA1，提示罗格列酮促进胆固醇逆转运的途径不同于 LXRα/ABCA1。PPARα、LXR、ABCA1 等基因的上调也可抑制 AS 的发生，山楂叶总黄酮可通过活化 PPARα 来上调 LXR 和 ABCA1 的表达，从而促进 RCT 进程，防止 AS。小檗碱也可以通过激活 PPARγ-LXR-ABCA1 通路促进 THP-1 巨噬细胞内胆固醇流出起到抗 AS 作用。单核巨噬细胞转分化过程中，激活 PPARγ 可显著降低 ACAT-1 mRNA 及其蛋白表达水平，提示在抑制 AS 发生过程中，PPAR-γ 有可能参与下调 ACAT-1 的表达来实现抑制作用。

PPAR-γ 能同时参与调节胆固醇摄入基因和流出基因，

这说明 PPARγ 在泡沫细胞生成过程中可能扮演“双刃剑”角色。除具有调节胆固醇代谢功能外，PPAR-γ 还可以参与血糖、细胞分化、增殖、凋亡及炎症反应等过程的调节。

关于核转录因子超家族成员另外两种表型 PPARβ/δ 的研究相对较少。有研究表明 PPARβ/δ 在上调 ABCA1 表达促进胆固醇流出上具有正面积极意义。同时，也有研究表明 PPARβ/δ 持相反作用，可以促进巨噬细胞胆固醇的流入，并且可能是通过诱导细胞清道夫受体 CD36、SR-A 的表达来促进胆固醇在细胞内的蓄积。这些结果说明 PPARs 对胆固醇代谢具有重要的调控作用，机制比较复杂，可能促进流出也可能加速蓄积。此外，PPARs 可能还参与对 SR-B1 的调控，有利于胆固醇的流出，但其具体调控机制需要进一步揭示和证实。

（6）ACAT 和 nCEH　酰基辅酶 A：胆固醇酰基转移酶（acyl-coenzyme A：cholesterol acyltransferase，ACAT）可以催化游离胆固醇发生酯化反应生成胆固醇酯，是细胞内该反应的唯一催化酶。它在维持细胞内胆固醇平衡中起着重要作用。该酶目前发现有两种形式的 ACAT 存在：ACAT-1 和 ACAT-2。ACAT-1 存在于在大多组织和细胞中，而 ACAT2 只存在于肝脏和小肠细胞中，在单核细胞或巨噬细胞中该酶的存在形式主要是 ACAT-1。ACAT 所催化的胆固醇酯化反应在机体或细胞内存在的胆固醇代谢平衡中起着非常重要作用，它与 LDL-R、CYP7A 及 HMG-CoA 等共同调节巨噬细胞内胆固醇代谢平衡。在机体正常情况下，它可以将胆固醇酯化以减少游离胆固醇的存在，有利于胆固醇的吸收。

与 ACAT 相反，胆固醇酯水解酶（cholesteryl ester hydrolase，nCEH）是将贮存在细胞胞浆脂滴中的胆固醇酯水解成为游离胆固醇，促进游离胆固醇的逆转运。ACAT 催化的胆固醇酯化和 nCEH 催化的水解反应共同维持细胞内适宜的 FC 和 CE 浓度。而且 nCEH 介导的水解作用是 RCT 的限速步骤，它在肝组织中的过表达能促进胆固醇逆转运，加强体内胆固醇的清除。

在以前的研究中发现，石榴皮多酚能抑制 LDL 的氧化，可以调控人肝细胞胆固醇代谢中的一些关键基因的表达。还发现石榴鞣花酸（PEA）可以降低高脂血症仓鼠血液中的胆固醇，对其胆固醇代谢起着积极作用。因此石榴皮多酚可能在胆固醇代谢中扮演多重角色，但石榴皮多酚对巨噬细胞及泡沫细胞中胆固醇的积累及流入流出尚不清楚，本章重点围绕这一问题对石榴皮多酚在 Raw264.7 巨噬细胞源性泡沫细胞胆固醇流出中的影响开展了研究，为进一步揭示石榴皮多酚预防及抗 AS 的潜在功能及其分子机制提供一定的理论基础。

4.1 材料与仪器

4.1.1 试验材料

石榴多酚：采用石榴皮多酚提取物（PPPs，Pomegranate Peel Polyphenols)，由陕西天地源生物科技有限公司提供，紫外检测多酚含量为60%。

Raw264.7小鼠巨噬细胞：陕西师范大学食品营养与安全实验室保存。

GGPP（G6025-1VL)：Sigma公司。

ApoA-1：PeproTech公司。

HDL：广州奕源生物公司。

DMEM无酚红基础培养基：Hyclone。

ABCA1（BS60011)、ABCG1（BS5596)、LXRα(BS6785)、ACAT（BS8471)：Bioworld Technology公司。

nCEH（ab111544）抗体：abcam公司。

ACAT、nCEH的ELISA试剂盒：上海酶联生物技术有限公司。

4.1.2 试验仪器

本章试验所用的主要仪器见表4-1。

表 4-1 主要仪器

名称	生产厂家及型号
CO_2 恒温培养箱	ESCO CCL-170B-8
普通倒置显微镜	OLYMPUS CKX41
低速台式离心机	北京时代北利离心机有限公司 DT5-6B
高速台式离心机	上海安亭科学仪器厂 TGL-16B
全波长酶标仪	美国热电公司 Multiskan Go
生物柜	ESCO AC2-4S1
净化工作台	上海新苗医疗器械制造有限公司
高速低温离心机	美国 Sigma 公司 3K30
电热恒温水槽	上海福玛实验设备有限公司 HHW-21CU-600
低温冰箱	青岛海尔股份有限公司 BCD-215KS
精密微量移液器	Eppendorf 公司(德国)各量程
紫外分光光度计	上海现科仪器有限公司 752-P
精密 pH 计	上海精密科学仪器有限公司 PHS-2F 型
冷冻离心机	heal force neofuge 15R
纯水仪	重庆艾科浦 AJC-0501-P
Paper Trimmer	Deli NO. 8014
磁力搅拌器	常州澳华仪器有限公司 79-1
脱色摇床	北京六一仪器厂 WD-9405A
电泳仪	北京六一仪器厂 DYY-6C
暗匣	广东粤华医疗器械厂有限公司 AX-Ⅱ
灰度分析软件	Alpha Innotech alphaEaseFC
图像分析软件	Adobe PhotoShop
扫描仪	EPSON V300
封口机 PF	温州市江南机械厂 PF-S-200
感光胶片	kodak
暗室灯	龙口市双鹰医疗器械有限公司

4.2 试验方法

4.2.1 试剂配制

GGPP溶液配制 GGPP为液体状，浓度为1mg/mL，使用时取50μL用无血清DMEM培养基稀释到合适工作浓度，作用终浓度为10μmol/L。

4.2.2 Raw264.7巨噬泡沫细胞模型的建立

收集对数生长期的小鼠巨噬细胞Raw264.7，调整到适宜浓度，接种于12孔板，正常培养24h后，更换无血清培养基继续培养12h，使细胞同步化，然后分为正常对照组、泡沫细胞组（ox-LDL），正常对照组更换新鲜培养基，泡沫细胞组加入含60μg/mL ox-LDL的培养基。继续培养24h，弃培养基，用PBS清洗细胞2次，然后进行油红O染色或者游离胆固醇和总胆固醇的测定。

4.2.3 石榴皮多酚对ApoA-1及HDL介导的泡沫细胞胆固醇流出影响

收集对数生长期的小鼠巨噬细胞Raw264.7，调整到适宜浓度，接种于96孔板，正常培养24h后，细胞用PBS清洗2次，更换无血清培养基，同时药物组加入各浓度PPPs对细胞进行预处理，1h后加入ox-LDL（终浓度为60μg/mL），再继续培养24h，之后更换含ApoA-1（10μg/mL）或HDL（50μg/mL）的无血清无酚红培养基继续培养，24h后收集细胞液，4℃，10000r/min离心5min，取上清进行测定。其他具体操作细节详见说明书。

4.2.4 石榴皮多酚对泡沫细胞胆固醇流出相关基因表达的影响

本次试验中所涉及的胆固醇流出机制的相关基因有LXR-α、PPAR-γ、ABCA1、ABCG1和SR-B1。它们的mRNA表达采用实时荧光定量方法、相关蛋白表达采用蛋白质免疫印迹法进行检测，具体操作分别详见第3章3.2.6和3.2.7。

4.2.5 胆固醇流出相关基因引物设计

选择β-actin作为内参，LXR-α、ABCA1和ABCG1基因的引物均由上海生工设计并合成。引物相关信息如表4-2。

表 4-2　引物相关信息

引物名称	引物序列：(5'-3')	片段大小/bp
LXR-α	F：GACTGTTTCACCGTGTCCTTTG R：CCTGGCTAGTTTATTTGGTTGG	239
ABCA1	F：CCCAGAGCAAAAAGCGACTC R：GGTCATCATCACTTTGGTCCTTG	102
ABCG1	F：ACCTGGATTTCATCGTCCTG R：AATGTCTGCTTTGCCTCGTT	131
β-actin	F：GTCCCTCACCCTCCCAAAAG R：GCTGCCTCAACACCTCAACCC	266

4.2.6 细胞 ACAT 和 nCEH 蛋白表达及其酶活性的检测

ACAT 是催化游离胆固醇酯化为胆固醇酯的酶，促进脂滴的形成；nCEH 是将脂滴中的胆固醇酯水解为游离胆固醇的酶，有利于胆固醇的排出。其 WB 检测方法如第 3 章 3.2.7。ACAT 和 nCEH 酶活力的检测采用 ELISA 试剂盒进行，其操作详见说明书。

4.2.7 数据处理与统计分析

所得数据采用均数±标准差（mean±SD）表示，用 SPSS13.0 或 DPS 统计软件分析，差异显著性检验采用单因素方差分析，并用 Duncan 法进行多重比较，$p<0.05$ 为差异显著，$p<0.01$ 为差异极显著，表示差异具有统计学意义。

4.3 结果与分析

4.3.1 石榴皮多酚对 ApoA-1 及 HDL 介导的泡沫细胞胆固醇流出影响

细胞经 PPPs 预处理 1h 后加入 ox-LDL（60μg/mL），继续培养 24h 后，之后更换为含 ApoA-1（10μg/mL）或 HDL（50μg/mL）的无血清无酚红培养基继续培养，24h 后检测细胞培养液上清的总胆固醇含量（表 4-3）。

石榴皮多酚处理对 ApoA-1 介导的胆固醇流出影响，随 PPPs 浓度增加，胆固醇流出量逐渐增加，5μg/mL PPPs 处理组流出量无显著变化；25μg/mL PPPs 处理组能显著促进胆固醇的流出，流出量增加了 35.72%；50μg/mL 的 PPPs 处理组极显著促进了胆固醇的流出，流出量增加了 55.16%。

石榴皮多酚处理对 HDL 介导的胆固醇流出有影响，随着 PPPs 浓度的增加，HDL 介导的总胆固醇流出量也呈递增趋势，呈现一定的剂量效应关系，但 5μg/mL 和 25μg/mL 剂量均未能达到差异显著性，50μg/mL 剂量则极显著增加了胆固醇流出量，增加量达50%以上。

结果显示，泡沫细胞与巨噬细胞相比，ApoA-1 和 HDL 介导的胆固醇量均有增加，石榴皮多酚处理组均能增加 ApoA-1 和 HDL 介导的胆固醇流出量，且具有浓度依赖性。

表 4-3 PPPs 促进 ApoA-1 和 HDL 介导的胆固醇流出（$n=3$）

分组	ApoA-1 介导 TC/(μmol/L)	HDL 介导 TC/(μmol/L)
对照组(巨噬细胞)	3.21±1.28	4.29±0.73
ox-LDL(泡沫细胞)	6.69±0.09##	7.08±0.36##
ox-LDL+PPPs-5	7.25±0.50	7.10±1.24
ox-LDL+PPPs-25	9.08±0.64*	7.45±0.69
ox-LDL+PPPs-50	10.38±0.38**	10.75±1.00**

注：##指与巨噬细胞相比差异极显著（$p<0.01$），*、**指与泡沫细胞相比差异显著（$p<0.05$）和极显著（$p<0.01$）。

4.3.2 石榴皮多酚对泡沫细胞 ABCA1、ABCG1 mRNA 和蛋白表达影响

在众多胆固醇外流途径中，ABCA1 和 ABCG1 对胆固醇外流调控作用占大部分。有研究表明，ABCA1 和 ABCG1 能协同且连续调节巨噬细胞内 60%～70%胆固醇的流出。本试验将不同浓度石榴皮多酚预处理 Raw264.7 巨噬细胞 1h 后，加入 ox-LDL 共同培养 24h，然后检测了细胞

内胆固醇流出相关基因 ABCA1、ABCG1 mRNA 和蛋白的表达，结果见图 4-1。结果显示，不同浓度石榴皮多酚作用后，ABCA1、ABCG1 mRNA 的表达均明显上升。具体表现如下：

（1）对 ABCA1 的影响　与巨噬细胞（图中 4-1 中对照组）相比，ox-LDL 诱导巨噬细胞形成泡沫细胞后，其 ABCA1 蛋白表达增加。不同浓度石榴皮多酚预处理组，ABCA1 mRNA 的表达与 ox-LDL 诱导的泡沫细胞组相比显著增加，呈现良好的剂量依赖关系，5、25、50μg/mL 三个剂量组的 ABCA1 mRNA 表达量依次是 ox-LDL 组的 1.95 倍、2.09 倍、2.66 倍。同样，石榴皮多酚上调了 ABCA1 的蛋白表达，呈明显的剂量相关性，5、25、50μg/mL 三个剂量组的 ABCA1 蛋白表达量依次是 ox-LDL 组的 0.94 倍、1.53 倍、1.75 倍。

（2）对 ABCG1 的影响　与巨噬细胞（对照组）相比，ox-LDL 作用后 ABCG1 蛋白表达变化不大。不同剂量石榴皮多酚预处理组的 ABCG1 mRNA 的表达均极显著高于泡沫细胞组，但在 5～50μg/mL 作用浓度范围内并未发现正相关关系，而是随着 PPPs 作用浓度增大，其表达量呈下降趋势，但仍显著高于泡沫细胞对照组，5、25、50μg/mL 三个剂量组的 ABCG1 mRNA 表达量依次是 ox-LDL 组的 2.25 倍、1.69 倍、1.35 倍。在蛋白表达上，与巨噬细胞（对照组）相比，ox-LDL 诱导组对 ABCG1 的表达影响差异不显著，石榴皮多酚各剂量组对 ox-LDL 诱导的泡沫细胞 ABCG1 的蛋白表达略有上调，但差异性不显著。

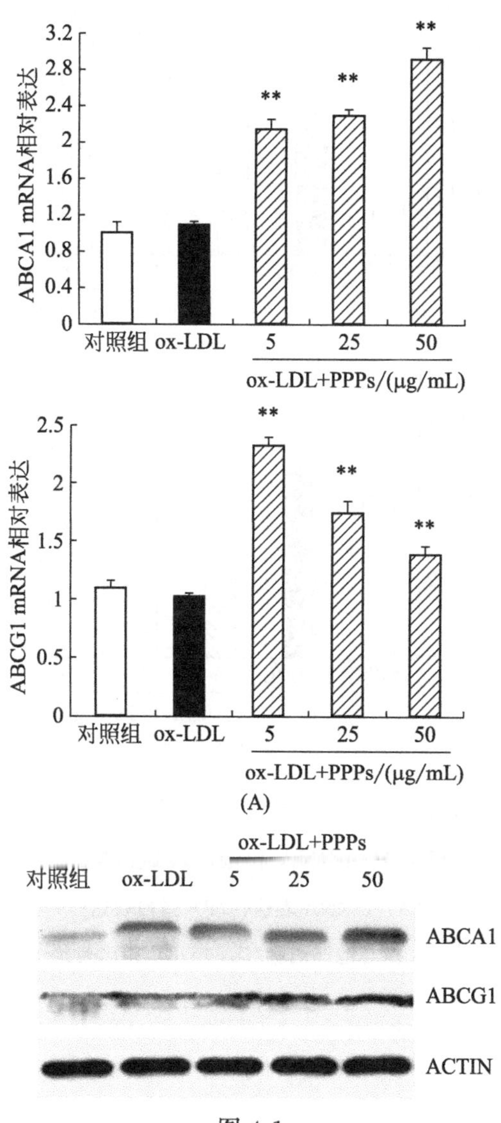

图 4-1

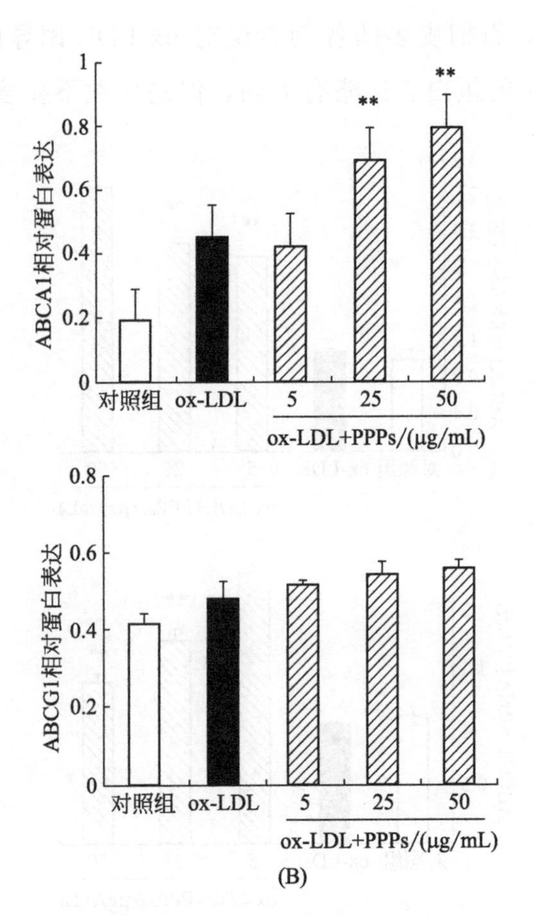

图 4-1　石榴皮多酚对 Raw264.7 巨噬泡沫细胞 ABCA1 和 ABCG1 mRNA 和蛋白表达的影响

（A）mRNA 表达；（B）蛋白表达

［* * 指与泡沫细胞（ox-LDL）相比差异极显著（$p<0.01$）］

4.3.3　石榴皮多酚对泡沫细胞 SR-B1 蛋白表达影响

SR-B1 是高密度脂蛋白受体，参与胆固醇酯的逆转运，是重要的抗 AS 受体。测定了石榴皮多酚对 Raw264.7 巨噬细胞 SR-B1 受体表达的影响，试验结果见图 4-2。从图中可以看出，石榴皮多酚 5、25 和 50μg/mL 显著上调了

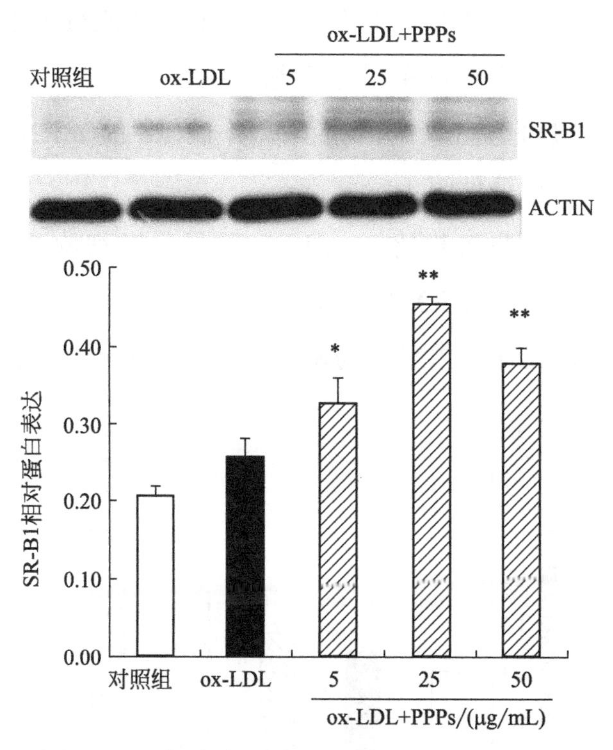

图 4-2　石榴皮多酚对 SR-B1 蛋白表达的影响

[*、**指与泡沫细胞相比差异显著（$p<0.05$）和极显著（$p<0.01$）]

SR-B1 的表达，分别上调了 26.92%、73.08%、46.15%，以 25μg/mL 剂量对 SR-B1 的上调作用最强。

4.3.4 石榴皮多酚对泡沫细胞 LXRα 基因表达影响

LXRα 已经被证实具有调节 ABCA1 表达的重要作用，而 ABCA1 是游离胆固醇和磷脂的转运体，能促进胆固醇从巨噬细胞向多种接受体转运。为了研究 LXRα 和 PPARγ 是否参与介导石榴皮多酚上调细胞 ABCA1 的水平，检测了巨噬细胞内胆固醇流出相关基因 LXRα 的 mRNA 和蛋白的表达，结果见图 4-3。

与巨噬细胞组相比，ox-LDL 诱导巨噬细胞 24h 后形成的泡沫细胞，其 LXRα mRNA 和蛋白表达均有一定程度的增加，但无显著差异。与泡沫细胞（模型组）相比，不

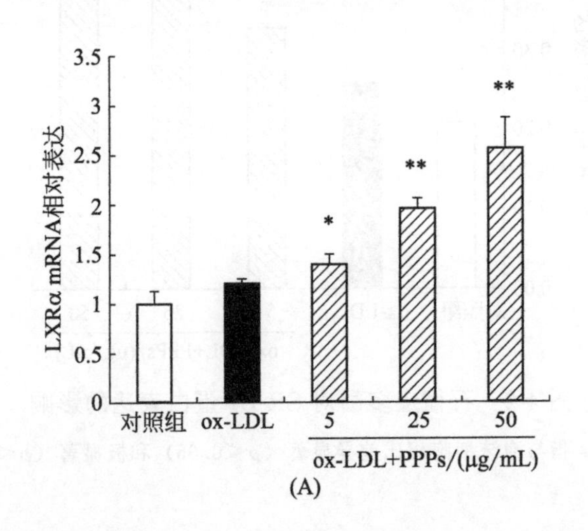

(A)

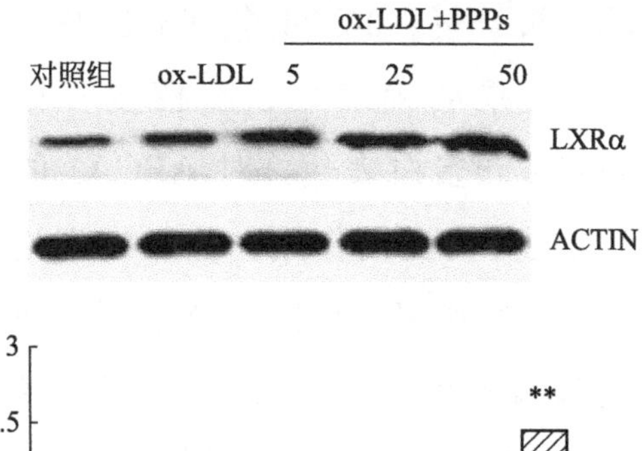

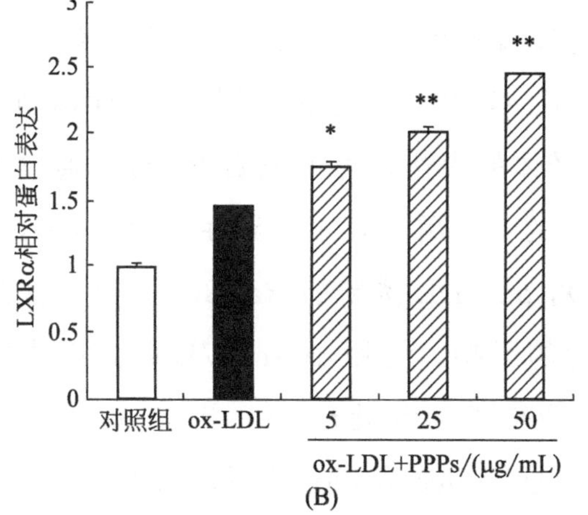

(B)

图 4-3　石榴皮多酚对 Raw264.7 巨噬细胞 LXRα mRNA 和蛋白表达的影响

(A) mRNA 表达；(B) 蛋白表达

[*、**指与泡沫细胞（ox-LDL）相比差异显著（$p<0.05$）和极显著（$p<0.01$）]

同剂量石榴皮多酚处理组 LXRα mRNA 有显著或极显著提高，在试验浓度范围内有良好的剂量依赖性，5、25、50μg/mL 剂量组 mRNA 表达量是 ox-LDL 组的 1.16 倍、1.62 倍、2.12 倍［图 4-3（A)］。同样，石榴皮多酚各剂量组也显著上调了 LXRα 的蛋白表达，5、25、50μg/mL 剂量组分别上调了19.15%、36.28%、66.80%[图4-3(B)]。

上述研究结果明确表明，石榴皮多酚可显著上调LXRα的mRNA和蛋白表达，对ABCA1的mRNA和蛋白表达也呈现良好的上调作用。从已有理论来看，LXRα是ABCA1的上游基因，LXRα激活后，可以通过上调ABCA1等靶基因的表达，增加组织中胆固醇向肝脏的逆向转运及排泄。GGPP是LXRα受体特异性抑制剂，可以抑制LXRα受体的表达，为了证实PPPs是通过LXRα来调节ABCA1的，采用LXRα特异性抑制剂GGPP研究了石榴皮多酚对ox-LDL诱导的Raw264.7巨噬泡沫细胞内ABCA1表达的影响。先用10μmol/L GGPP预处理细胞1h后，加石榴皮多酚预处理1h，再加ox-LDL作用24h后，提取蛋白进行wester-blot分析。结果见图4-4。图4-4(B)结果显示，GGPP组ABCA1的表达低于泡沫细胞对照组，而且GGPP+PPPs-50组的ABCA1的表达量低于PPPs-50。同时，也测定了胆固醇流出量[图4-4(A)]，GGPP减少了PPPs促进的胆固醇流出，这表明GGPP抑制了石榴皮多酚对LXRα的调控，反过来也就进一步证明了石榴皮多酚调控泡沫细胞胆固醇流出的靶点是LXRα，通过上调LXRα进一步上调了其下游基因ABCA1，从而发挥了促进泡沫细胞胆固醇流出的作用。另外，也用PPARγ特异抑制剂GW9662验证了PPARγ对ABCA1等的调控作用，结果显示PPARγ确实不是PPPs促进胆固醇流出的调控靶点。

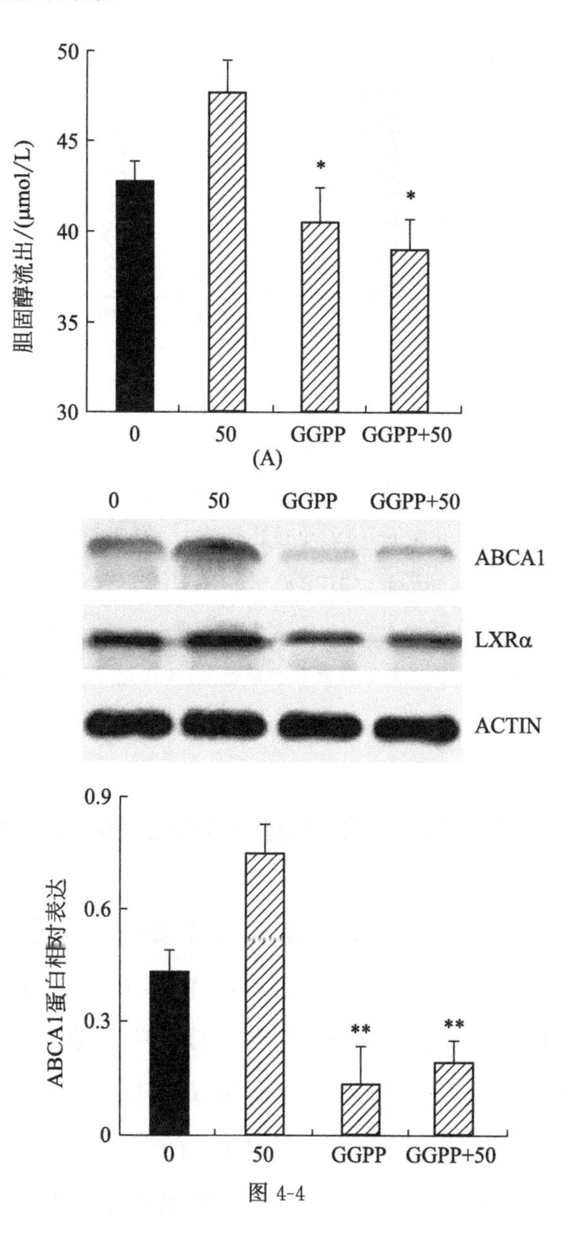
胆固醇流出/(μmol/L)
50
45
40
35
30
*
*
0
50
GGPP
GGPP+50
(A)
0
50
GGPP
GGPP+50
ABCA1
LXRα
ACTIN
ABCA1蛋白相对表达
0.9
0.6
0.3
0
**
**
0
50
GGPP
GGPP+50

图 4-4

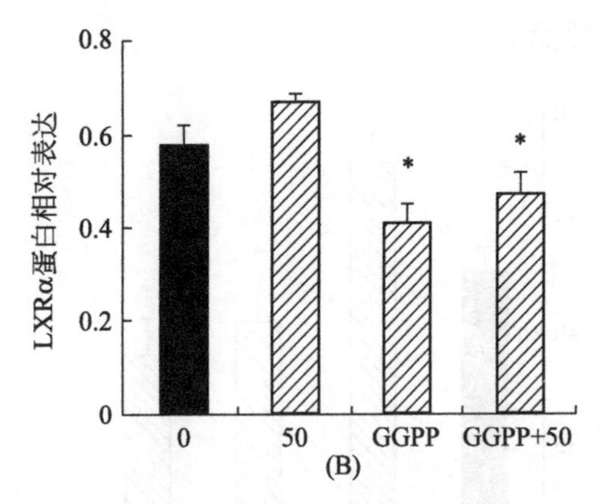

图 4-4　GGPP 抑制了 PPPs 对 LXRα 和 ABCA1 蛋白表达的上调和对胆固醇流出的促进

(A) 胆固醇流出；(B) 蛋白表达

[图中横坐标 0 代表 ox-LDL 单独处理组，50 代表 50μg/mL PPPs 处理组，GGPP 代表 10μmol/LGGPP 处理，GGPP+50 代表先用 10μmol/L GGPP 处理细胞 1h 后加入 50μg/mL PPPs 处理；*、** 代表与 50μg/mL PPPs 组相比，差异显著和极显著（$p<0.05$ 和 $p<0.01$）]

4.3.5　石榴皮多酚对泡沫细胞 ACAT 和 nCEH 的影响

细胞内 FC 和 CEs 的稳态平衡主要由两个进程来协同维持，FC 过剩由 ACAT1（乙酰辅酶 A：胆固醇酰基转移酶 1）催化发生酯化，CE 在 nCEH（中性胆固醇酯水解酶）催化作用下发生水解，这种胆固醇酯化和水解进程称为胆固醇酯周期，以维持细胞内 FC 的适当浓度。

为此，考察了石榴皮多酚对巨噬泡沫细胞内 ACAT1 和

nCEH 蛋白表达和活性的影响。

（1）石榴皮多酚对巨噬细胞 ACAT 和 nCEH 的蛋白表达的影响　石榴皮多酚对巨噬细胞 ACAT 和 nCEH 蛋白表达的影响见图 4-5。从各处理蛋白表达条带和灰度值分析图可以看出，ox-LDL 诱导巨噬细胞形成泡沫细胞后，细胞内 ACAT 和 nCEH 蛋白表达无显著变化，石榴皮多酚预处理组对巨噬细胞 ACAT 和 nCEH 的蛋白表达也无显著影响。

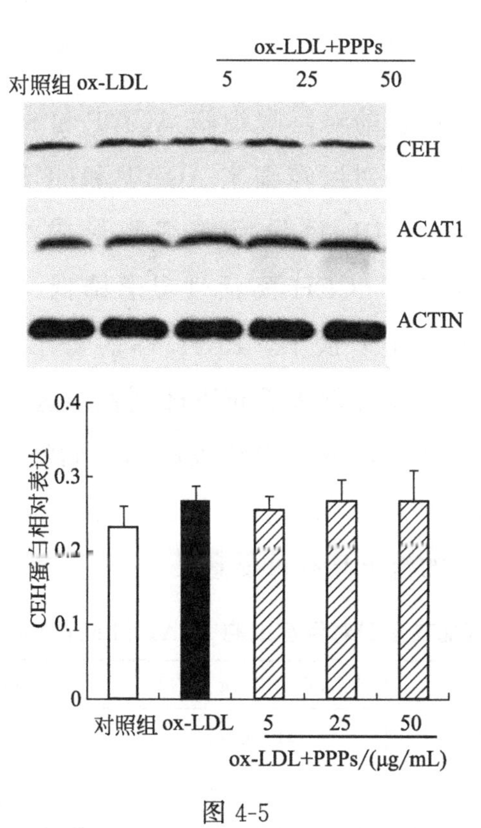

图 4-5

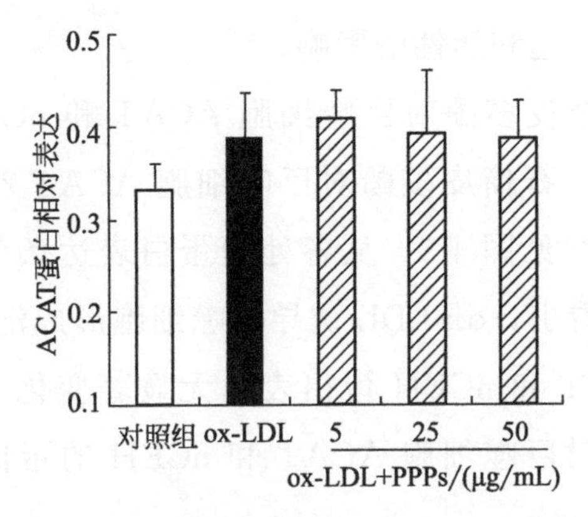

图 4-5 石榴皮多酚对 Raw264.7 巨噬细胞 ACAT 和 nCEH 蛋白表达的影响

(2) 石榴皮多酚对巨噬细胞 ACAT 和 nCEH 活性的影响　石榴皮多酚对巨噬细胞 ACAT 和 nCEH 活性的影响见表 4-4。ox-LDL 诱导巨噬细胞形成泡沫细胞后，ACAT 酶活升高，nCEH 酶活性显著降低。在不同剂量 PPPs 受试物处理干预下，PPPs 各剂量组显著降低了 ACAT 活性，而显著升高了 nCEH 活性。这说明 PPPs 可以减少胆固醇酯化，减少泡沫细胞内的脂滴；同时 PPPs 可以促进胆固醇酯水解，使胆固醇以游离胆固醇状态存在，对胆固醇的流出具有重要意义。

表 4-4　石榴皮多酚对巨噬细胞 ACAT 和 nCEH 活性的影响

组别	ACAT/(mU/g 蛋白)	nCEH/(IU/g 蛋白)
巨噬细胞	0.41±0.11	112.21±7.89
ox-LDL	2.25±0.37$^{\#\#}$	56.17±4.51$^{\#}$

续表

组别	ACAT/(mU/g 蛋白)	nCEH/(IU/g 蛋白)
PPPs-5	1.32±0.14**	299.33±22.34**
PPPs-25	0.79±0.21**	284.44±26.08**
PPPs-50	0.58±0.02**	438.77±28.74**

注：#、##表示与巨噬细胞对照组相比差异显著（$p<0.05$）和极显著（$p<0.01$），**表示与 ox-LDL 组相比差异极显著（$p<0.05$）。

4.4 讨论

巨噬细胞内胆固醇流入、酯化和流出的平衡是必要的，可以避免巨噬细胞中的脂质超载，从而抑制动脉粥样硬化的发展。在动脉粥样硬化条件下，CD36 和 SR-A 的表达增强，ACAT1 活性增加，nCEH 活性降低，这使得胆固醇过量摄入，过多的游离胆固醇不能流出并发生酯化，水解减少，这导致巨噬细胞中 CE 过度积累最终形成脂滴，从而有助于泡沫细胞的形成。因此从胆固醇流入、酯化和胆固醇流出三方面同时调节巨噬细胞中胆固醇代谢、治疗动脉粥样硬化等心血管疾病是可行的方法。

研究发现，石榴皮多酚可以通过下调 CD36 表达减少胆固醇的摄入和抑制泡沫细胞的形成。但预防 AS 发生发展，除了减少泡沫细胞胆固醇的摄入外，同样应关注其胆固醇酯化和胆固醇流出。巨噬细胞源性泡沫细胞中胆固醇流出的增加是动脉粥样硬化斑块中脂质积累减少的重要保护机制。胆固醇外流的几种不同途径比较清楚的有 SR-B1 介导的胆固醇流出，以及 ABCA1 和 ABCG1 介导的转运。近些年来，植物多酚等活性物质促进胆固醇流出的研究越来越多，白藜芦醇可以通过激活 LXRα 上调 ABCA1 和 ABCG1 的表达，花青素、阿魏酸、槲皮素、姜黄素、多糖类等活性物质以及他汀类药物均相继被报道具有促进胆固醇流出的活性。多年以前石榴已被发现具有抗 AS 活性。虽然体外实验表明，石榴汁被报道没能有效地改变胆固醇的流出，但在体内实验中，石榴汁可以促进载脂蛋白 E 基因敲除小鼠巨噬细胞胆固醇的流出。鞣花酸是石榴多酚的一种重要活性成分。Park Sin-Hye（2011）指出，鞣花酸无细胞毒性，6h 内能够阻碍 ox-LDL 诱导的小鼠巨噬泡沫细胞的形成，主要是通过 PPARγ-独立信号调节 ABCA1 转录和表达，而不是 SR-B1。本文研究了石榴皮多酚对 Raw264.7 泡沫细胞胆固醇流出的影响及其分子机制，发现石榴皮多酚能够抑制泡沫细胞形成，并促进泡沫细胞内胆固醇流出，这一影响机制可能是通过对细胞内 LXRα-ABCA1 信号转导途径的调控来实现的，而对 ABCG1 蛋白表达水平无明显影响，也不是通过调节 PPARγ 基因表达实现的。同时发现，石榴皮多酚也上调了高密度脂蛋白受体 SR-B1，提高了 ApoA-1 和 HDL 介导的胆固醇流出。

巨噬细胞摄入的脂质主要是胆固醇部分。胆固醇在细胞内以 CE 和 FC 两种形式存在，正常情况下，它们处于一个平衡循环中，FC 维持在一个较低浓度水平。人酰基辅酶 A：胆固醇酰基转移酶（ACAT）和胆固醇酯水解酶（nCEH）是调节体内胆固醇平衡代谢的关键蛋白之一。ACAT 在细胞内催化多余的游离胆固醇与长链脂肪酸形成胆固醇酯，在胆固醇吸收、运输和贮存过程中起重要作用，是保障体内胆固醇、脂肪酸等脂质代谢平衡的关键酶之一。有资料报道，PPARγ 可能通过抑制 ACAT-1 的表达来抑制动脉粥样硬化提前发生，而且 P38MAPK 途径参与 PPARγ 抑制 ACAT-1 表达的作用，ERK 途径和 JNK 途径在 PPARγ 对 ACAT-1 表达的影响中未起到明显作用。THP-1 单核细胞 ACAT-1 表达较低，但 THP-1 巨噬细胞和泡沫细胞表达水平明显升高，不过巨噬细胞和泡沫细胞之间无显著差异，本实验在 Raw264.7 巨噬细胞上也证明了这一点，ox-LDL 诱导生成的 Raw264.7 泡沫细胞与巨噬细胞相比，ACAT-1 蛋白表达有些许提高，但无显著差别，这与众多资料报道一致。这样综合看来，本试验中石榴皮多酚并没有起到上调 PPARγ 的作用，因此其对 ACAT 蛋白表达也无显著抑制作用。有资料已经证实 ACAT-1 生物学性质的改变是基因转录、蛋白上调的结果，结合本试验结果来看，石榴皮多酚对 ACAT-1 酶活的降低作用可能是通过下调其 mRNA 实现的，这需要进一步证明。nCEH 可以催化泡沫细胞脂滴中的 CE 水解成

FC，然后通过细胞膜上胆固醇运载体 ABCA1、ABCG1 等相关信号通路把 FC 转运到外源性受体，从而抑制了泡沫细胞的形成。本试验证实石榴皮多酚虽然对 nCEH 无明显提高作用，但可以促进细胞 nCEH 酶活的增加，以实现预防泡沫细胞形成的作用。

4.5 小结

（1）PPPs 可显著促进 ApoA-1/HDL 介导的泡沫细胞胆固醇流出。

（2）PPPs 能够显著上调泡沫细胞 LXRα、ABCA1 基因及蛋白表达，通过 LXRα- ABCA1 细胞信号通路促进泡沫细胞胆固醇流出，其调控靶点是 LXRα。

（3）PPPs 可显著上调泡沫细胞高密度脂蛋白受体 SR-B1，提高胆固醇酯的逆转运。

（4）PPPs 能够提高 nCEH 活性、抑制 ACAT 活性，从而促进胆固醇酯向游离胆固醇的转化，有利于游离胆固醇的外流，实现泡沫细胞的逆转。这一作用并不是通过调节 nCEH 和 ACAT 的酶蛋白表达而实现。

第5章

安石榴苷、鞣花酸和没食子酸抑制泡沫细胞形成的研究

前述试验结果显示石榴皮多酚提取物能够通过下调CD36受体的表达而抑制巨噬细胞胆固醇流入，并能通过LXRα-ABCA1/SR-B1途径促进巨噬细胞源性泡沫细胞胆固醇流出，而且降低了ACAT活性、增加了nCEH活性，从而减少了游离胆固醇的酯化，促进了胆固醇酯的水解，更利于胆固醇的流出。因此石榴皮多酚可以抑制泡沫细胞的形成起到抗AS作用。

石榴皮多酚提取物组成成分复杂，HPLC结果显示安石榴苷、鞣花酸和没食子酸是该试验用石榴皮多酚中含量较多的活性物质，是石榴皮多酚的主要活性成分。究竟哪一种是其主要活性作用呢？本章将深入研究和比较石榴多酚的主要成分安石榴苷、鞣花酸和没食子酸对巨噬细胞胆固醇蓄积及泡沫细胞胆固醇流出的活性作用及其分子调控机制。

5.1 材料和仪器

5.1.1 试验材料

鞣花酸（Ellagic acid，EA）、安石榴苷（Punicalagin，PC）、没食子酸（Gallic acid，GA），纯度＞98%：Sigma公司。

Raw264.7小鼠巨噬细胞：陕西师范大学食品营养与安全实验室保存。

DMEM培养基：Gibco公司。

胎牛血清：Gibco 10099-141。

胰酶消化液：碧云天C0201。

ox-LDL（2mg/mL装）：广州奕源生物科技有限公司。

DMSO（二甲基亚砜），MTT［3-(4,5-二甲基噻唑-2)-2,5-二苯基四氮唑溴盐］，油红O试剂：Sigma公司。

细胞及培养液总胆固醇测定试剂盒（E1015，E1005）、游离胆固醇提取试剂盒（E1016）：北京普利来基因技术有限公司。

5.1.2 试验仪器

本章试验所用的主要仪器见表5-1。

表 5-1 主要仪器

名称	生产厂家及型号
CO_2 恒温培养箱	ESCO CCL-170B-8
普通倒置显微镜	OLYMPUS CKX41
全波长酶标仪	美国热电公司 Multiskan Go
生物柜	ESCO AC2-4S1
精密微量移液器	Eppendorf 公司(德国) 各量程
紫外分光光度计	上海现科仪器有限公司 752-P
冷冻离心机	heal force neofuge 15R
Paper Trimmer	Deli NO. 8014
脱色摇床	北京六一仪器厂 WD-9405A
电泳仪	北京六一仪器厂 DYY-6C
暗匣	广东粤华医疗器械厂有限公司 AX-Ⅱ
灰度分析软件	Alpha Innotech alphaEaseFC
图像分析软件	Adobe PhotoShop
扫描仪	EPSON V300
封口机 PF	温州市江南机械厂 PF-S-200
感光胶片	kodak
暗室灯	龙口市双鹰医疗器械有限公司

5.2 试验方法

5.2.1 试剂配制

（1）PC 工作液的配制　称 1mg PC 溶于 18.5μL 无菌 PBS 中，置于 1.5mL 离心管中，使用时用无血清培养基稀释成所需浓度。

（2）EA 工作液的配制　称 1mg EA 溶于 132μL DMSO 中，置于 1.5mL 离心管中，用时用无血清培养基稀释成所需浓度。

（3）GA 工作液的配制　称 1mg GA 溶于 117.5μL 无菌 PBS 中，置于 1.5mL 离心管中，用时用无血清培养基稀释成所需浓度。

5.2.2 PC、EA 和 GA 对 Raw264.7 巨噬细胞存活率的影响

收集对数生长期 Raw264.7 巨噬细胞，接种于 96 孔板，细胞贴壁后，分组加药（PC、EA、GA 不同浓度），作用 24h 后，去除培养液，每孔添加新的基础培养液 90μL，避光加入 MTT（5mg/mL）溶液 10μL，混匀，与培养液共同孵育 4h；弃培养液，每孔加 DMSO

100μL，37℃孵育10min；紫色结晶全部溶解后，在波长570nm处检测。注意设调零孔（含培养液、MTT和DMSO）、空白对照孔（细胞、培养液、MTT和DMSO），每组设5个平行。以对照组为100%计算各处理组的细胞活力。

5.2.3　PC、EA和GA对泡沫细胞胆固醇蓄积和流出的影响

（1）细胞内胆固醇测定　收集对数生长期的小鼠巨噬细胞Raw264.7，调整到适宜浓度，接种于6孔板，正常培养24h后，更换基础培养基继续培养12h或24h，使细胞同步化，然后模型组（ox-LDL）和受试物各浓度组（ox-LDL＋相关浓度的PC、EA和GA受试物），先加各浓度PC受试物预处理1h再加ox-LDL（终浓度为60μg/mL），连续培养24h后，用PBS洗涤细胞2～3次，去除培养基血清以免影响胆固醇测定。然后直接加裂解液到6孔板中对细胞进行裂解，每孔加100μL裂解液，振荡至完全裂解，然后一部分用于总胆固醇、游离胆固醇和胆固醇酯的测定，另一部分用于BCA法测定蛋白含量以对胆固醇含量进行矫正。胆固醇含量测定用北京普利来胆固醇测定试剂盒，具体操作详见说明书。

（2）细胞外胆固醇测定　收集对数生长期的小鼠巨噬

细胞 Raw264.7，调整到适宜浓度，接种于 96 孔板，正常培养 24h 后，细胞用 PBS 清洗 2 次，更换无血清培养基，同时药物组加入各浓度 PC、EA 和 GA 受试物对细胞进行预处理，1h 后加入 ox-LDL（终浓度为 60μg/mL），再继续培养 24h，之后更换含 ApoA-1（10μg/mL）或 HDL（50μg/mL）的无血清无酚红培养基继续培养，24h 后收集细胞液，4℃、10000r/min 离心 5min，取上清进行测定。其他具体操作细节详见说明书。

5.2.4 PC 对泡沫细胞胆固醇流入和流出相关蛋白表达的影响

采用蛋白质免疫印迹法（Western blot，WB）检测 PC、EA 和 GA 受试物对泡沫细胞 CD36、PPARγ、LXRα、ABCA1 和 ABCG1 的蛋白表达。

5.2.5 统计分析

试验数据采用均数±标准差（mean±SD）表示，用 DPS 统计软件分析，差异显著性检验采用单因素方差分析，并用 Duncan 法进行多重比较，$p<0.05$ 为差异显著，$p<0.01$ 为差异极显著，具有统计学意义。

5.3　结果与分析

5.3.1　PC、EA、GA对小鼠巨噬细胞Raw264.7的安全浓度

PC、EA和GA对小鼠巨噬细胞的存活率的影响见图5-1。MTT试验结果显示，1～50μmol/L的PC作用24h后，细胞存活率与对照组相比均无显著差异，100μmol/L的PC作用

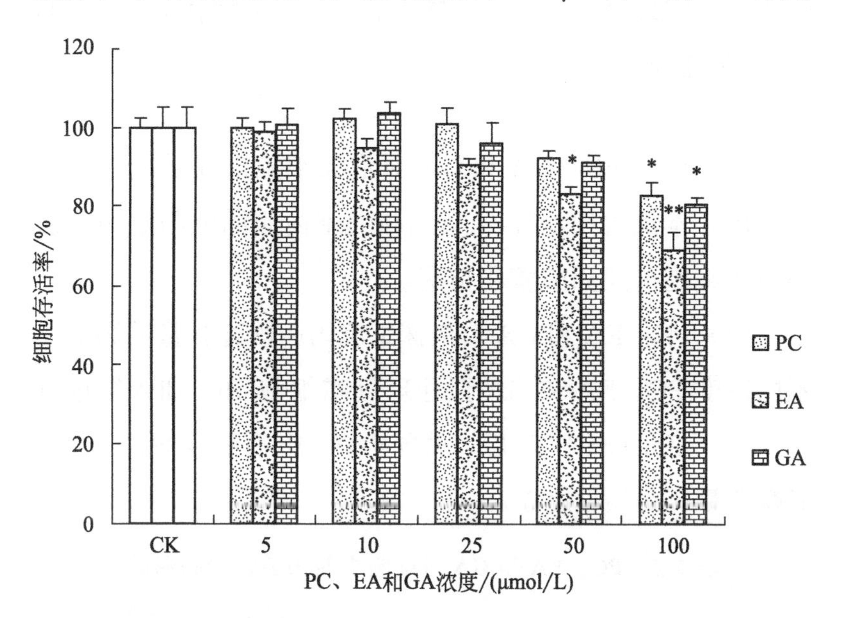

图5-1　PC、EA和GA对Raw264.7巨噬细胞存活率的影响

[与空白对照组（图中CK）相比，*表示差异显著（$p<0.05$），**表示差异极显著（$p<0.01$）]

24h 后，细胞存活率有显著下降；1～25μmol/L 的 EA 作用24h 后，细胞存活率与对照组相比均无显著差异，50μmol/L EA 作用 24h 后，细胞存活率显著下降；1～50μmol/L 的 GA 作用 Raw264.7 巨噬细胞 24h 后细胞存活率与对照组相比也无显著差异，100μmol/L 的 GA 作用细胞 24h 后，细胞存活率显著下降。因此，本试验为了进行比较，后期试验 PC、EA 和 GA 浓度统一控制在 50μmol/L 及以内。

5.3.2 PC、EA 和 GA 对泡沫细胞内胆固醇含量的影响

为了探讨 PC、EA 和 GA 对泡沫细胞形成是否具有抑制作用，本试验用油红 O 染色和细胞内胆固醇测定的方法来检测细胞内胆固醇蓄积情况。

（1）PC、EA 和 GA 对泡沫细胞内胆固醇含量的影响

不同浓度 PC、EA 和 GA 预处理巨噬细胞 1h，加入终浓度为 60μg/mL 的 ox-LDL 后，共同孵育 24h 后测定细胞内总胆固醇含量，结果见表 5-2。

表 5-2 PC、EA 和 GA 对细胞内胆固醇含量的影响

单位：mg/g 蛋白

组别	总胆固醇含量		
	PC	EA	GA
泡沫细胞	31.82±0.27	28.82±0.30	20.96±0.29

续表

组别	总胆固醇含量		
	PC	EA	GA
5	32.55±0.61	29.20±0.24	19.99±0.95
10	26.54±0.07**	27.59±0.18**	17.80±0.85*
25	23.16±0.39**	25.91±0.52**	20.36±1.41
50	23.88±0.30**	21.93±0.64**	21.37±0.82

注：*、** 指与泡沫细胞组相比分别差异显著和极显著（$p<0.05$ 和 $p<0.01$）。

不同浓度 PC 处理组与泡沫细胞模型组相比，10～50μmol/L 处理组细胞内总胆固醇含量均有显著下降（$p<0.01$），10、25 和 50μmol/L 的 PC 组分别降低了 16.59%、27.21%和 24.95%。不同浓度 EA 处理组，随 EA 浓度逐渐增大，细胞内总胆固醇含量逐渐下降，呈现良好的剂量效应关系，10、25、50μmol/L 剂量组分别降低胆固醇含量 4.27%、10.11%和 23.90%。GA 在较低浓度（本试验中指 5μmol/L 和 10μmol/L 两个剂量）时减少了细胞内总胆固醇含量（分别减少了 4.60%、15.08%），然而细胞内总胆固醇含量并没有随 GA 浓度增大再度减少，而是又有所升高，即 25μmol/L、50μmol/L 两个剂量降胆固醇作用消失，其胆固醇含量与对照组相比无显著差异。从以上数据可以看出，它们三者在合适范围内都有降低泡沫细胞内胆固醇蓄积的能力。在本试验浓度范围内，PC 降低胆固

醇能力最强，EA次之，GA较弱。

（2）油红O染色观察PC、EA和GA对泡沫细胞脂滴的影响　不同浓度PC、EA和GA预处理Raw264.7细胞1h后，再加入ox-LDL共同作用泡沫细胞24h后，油红O染色结果如图5-2所示。结果显示，不同浓度PC和EA预处理组，细胞内脂滴数量与泡沫细胞相比减少，且随着作用浓度的增大，脂滴数量呈现依次减少的趋势；从图上看GA不同浓度组细胞内脂滴变化不明显。结合胆固醇含量来看，低浓度可以减少胞内脂滴，高浓度则不能。

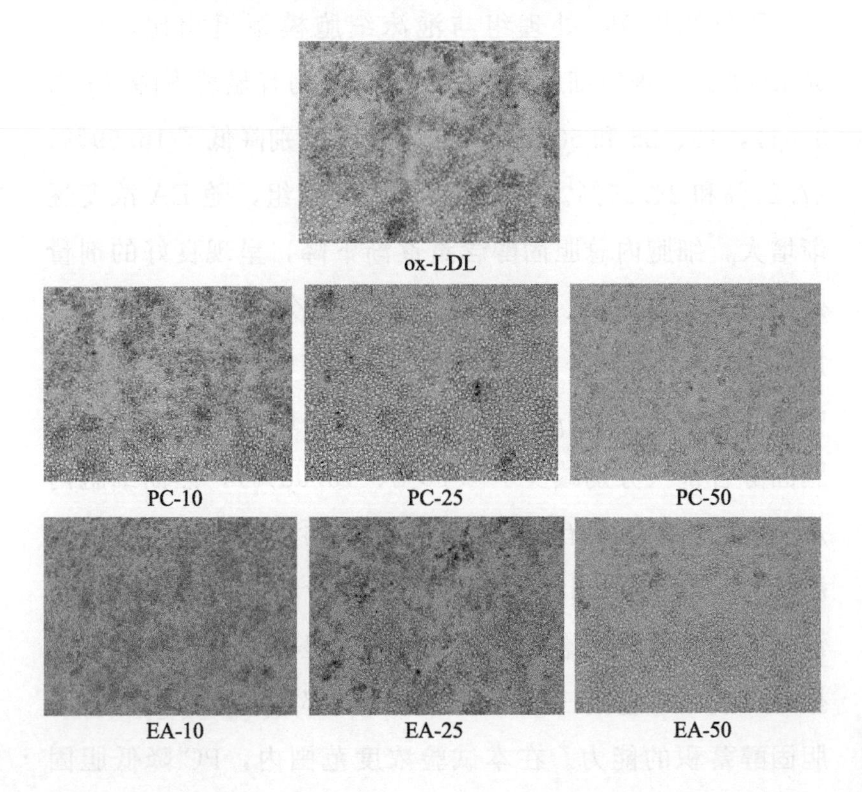

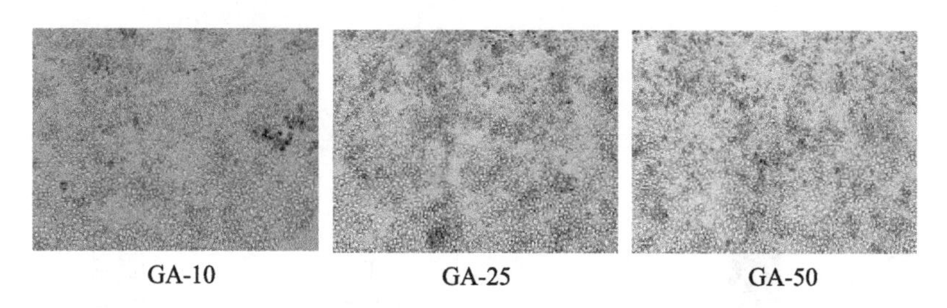

图 5-2　油红 O 染色观察胆固醇蓄积情况

5.3.3　PC、EA 和 GA 对泡沫细胞清道夫受体 CD36 基因蛋白表达的影响

前面的研究结果已证实，PPPs 对 Raw264.7 巨噬泡沫细胞清道夫受体基因 CD36 蛋白表达具有显著下调作用。为了解 PPPs 中究竟哪种成分在 CD36 蛋白表达下调中起主要作用，本试验研究了 PPPs 的三种主要活性成分对 CD36 的影响。

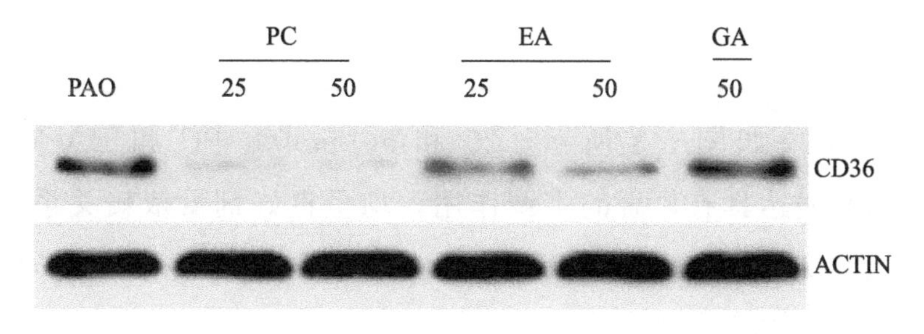

图 5-3

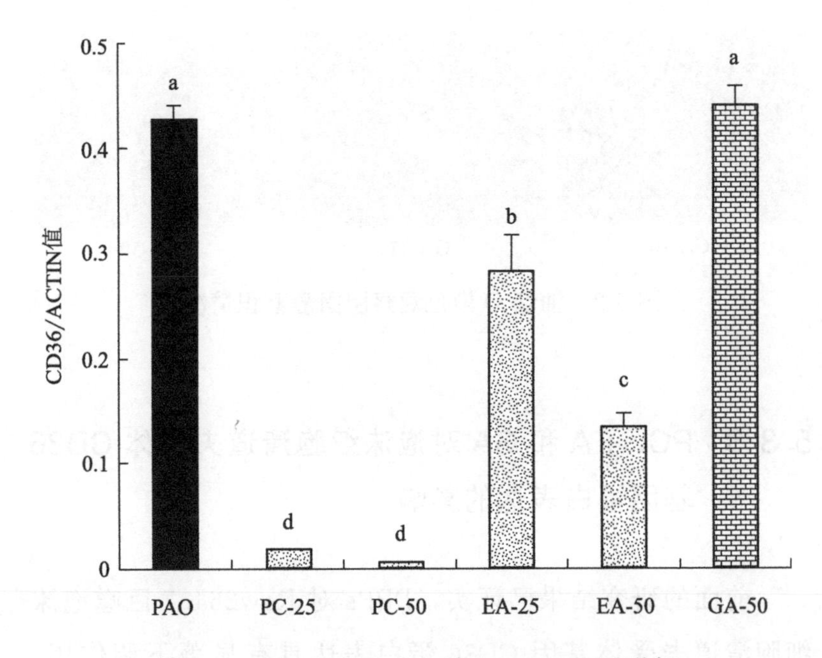

图 5-3 PC、EA 和 GA 对 Raw264.7 巨噬细胞蓄积基因 CD36 蛋白表达的影响

[PAO——ox-LDL 处理组；PC-25——ox-LDL+25μmol/LPC；PC-50——ox-LDL+50μmol/LPC；EA-25/50——ox-LDL+25/50μmol/L EA；GA-50——ox-LDL+50μmol/L GA；组与组之间不同字母代表差异显著（$p<0.05$），相同字母代表差异不显著（$p>0.05$）]

结果如图 5-3 所示，25 和 50μmol/L PC 和 EA 对 CD36 表达具有显著的下调作用，均呈良好剂量依赖关系，且 PC 对 CD36 下调作用强于 EA。而 50μmol/L GA 对 CD36 的表达无显著影响。

5.3.4 PC、EA 和 GA 对泡沫细胞胆固醇流出的影响

本试验着重观察 PC、EA 和 GA 是否存在促进 ox-LDL 诱导的泡沫细胞胆固醇流出效应，分别以 HDL 和 apoA-1 介导胆固醇流出。试验结果见表 5-3 和表 5-4。

表 5-3　PC、EA 和 GA 对 HDL 介导的 Raw264.7 巨噬泡沫细胞胆固醇流出的影响（$\overline{x} \pm s$，$n=3$）

单位：μmol/L

组别	PC	EA	GA
泡沫细胞对照	14.39±1.00	16.50±0.83	17.75±0.35
5	14.36±1.25	16.41±0.12	19.08±0.59
10	16.50±0.33*	17.58±0.59	20.75±2.00*
25	17.67±0.63**	20.42±0.83*	21.33±0.47**
50	18.83±0.79**	20.83±2.12**	23.72±1.07**

注：*、** 指与泡沫细胞组相比分别差异显著和极显著（$p<0.05$ 和 $p<0.01$）。

表 5-4　PC、EA 和 GA 对 apoA-1 介导的 Raw264.7 巨噬泡沫细胞胆固醇流出的影响（$\overline{x} \pm s$，$n=3$）

单位：μmol/L

组别	PC	EA	GA
泡沫细胞对照	15.43±0.57	15.98±0.77	16.92±0.88
5	16.08±1.10	15.97±0.47	16.93±0.75

续表

组别	PC	EA	GA
10	17.10±0.76**	16.96±0.04*	17.92±0.53*
25	18.97±0.70**	17.56±0.85**	17.54±0.71*
50	20.02±0.98**	18.30±1.28**	18.52±1.65*

注：*、** 指与泡沫细胞组相比差异显著和极显著（$p<0.05$ 和 $p<0.01$）。

结果显示，在 HDL 介导的胆固醇流出试验中，与泡沫细胞对照相比，PC 各剂量组胆固醇流出量显著增加，且呈剂量依赖关系，10μmol/L、25μmol/L 和 50μmol/L 三剂量分别增加了 14.67%、22.79% 和 30.85%。EA 10～50μmol/L 之间各剂量组胆固醇流出量明显升高，并呈剂量依赖关系。EA 10μmol/L、25μmol/L 和 50μmol/L 剂量组与对照组之间相比胆固醇流出量分别增加了 6.55%、23.76%、26.24%，均具有统计学意义。GA 对胆固醇流出的影响随剂量基本呈递增趋势，GA10μmol/L、25μmol/L、50μmol/L 三剂量组与对照组相比均具有显著或极显著差异，胆固醇流出量依次增加了 16.90%、20.17%、33.63%。由此看以看出，PC、EA 和 GA 均可以显著促进 HDL 介导的胆固醇流出，且从数值上看促进 HDL 介导的胆固醇流出的效果由强到弱依次是 GA、PC、EA。

同样，与泡沫细胞相比，PC、EA 和 GA 亦均能促进

ApoA-1 介导的泡沫细胞胆固醇流出，且三者都呈现良好的剂量依赖效应。从数值上看，促进 ApoA-1 介导的胆固醇流出能力的强弱顺序依次是 PC、GA 和 EA。

5.3.5　PC、EA 和 GA 对 Raw264.7 巨噬泡沫细胞 PPARγ、LXRα、ABCA1 和 ABCG1 蛋白表达的影响

为进一步研究 PC、EA 和 GA 促进泡沫细胞胆固醇流出的分子调控机制，采用 Western Blot 法检测了 PC、EA 和 GA 对胆固醇代谢相关蛋白 PPARγ、LXRα、ABCA1 和 ABCG1 表达的影响，结果见图 5-4。

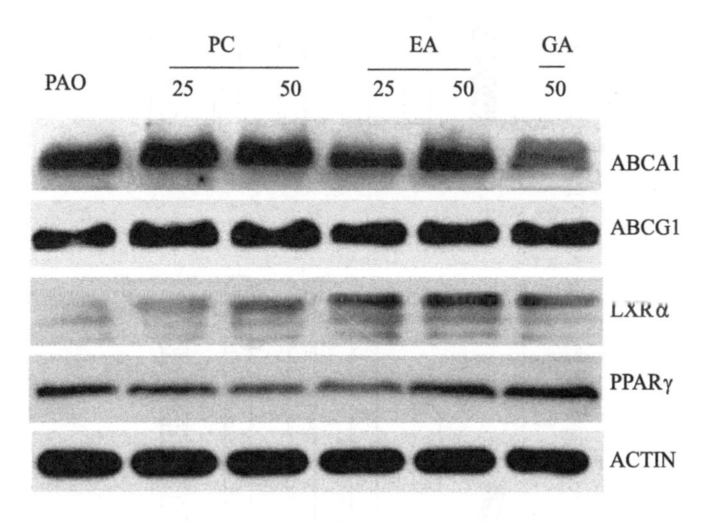

图 5-4

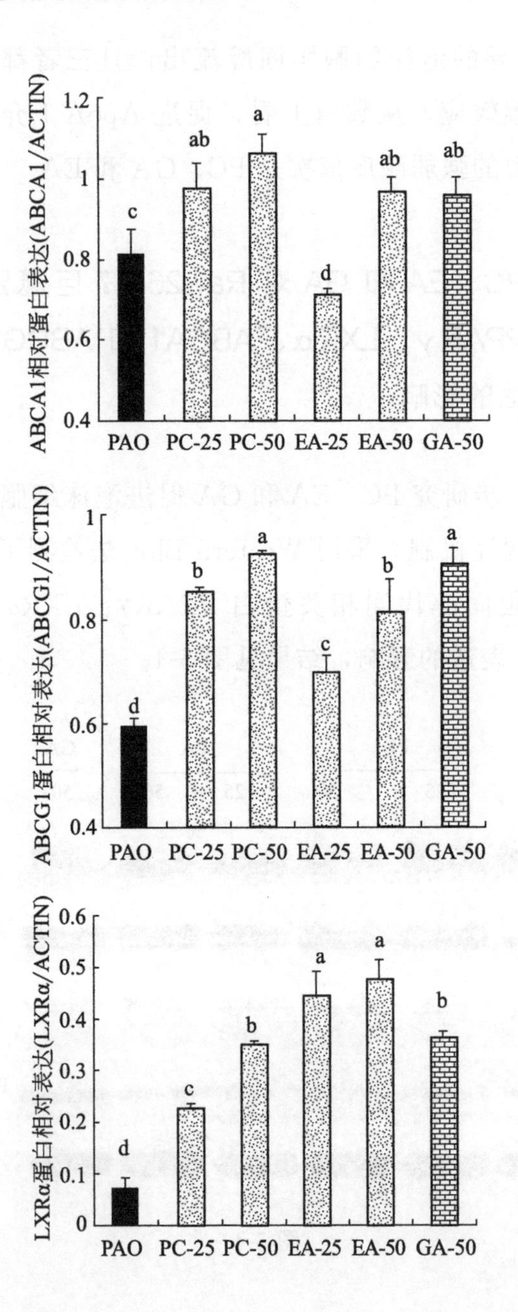
ABCA1相对蛋白表达(ABCA1/ACTIN)
1.2
1
0.8
0.6
0.4
c
ab
a
d
ab
ab
PAO PC-25 PC-50 EA-25 EA-50 GA-50
ABCG1蛋白相对表达(ABCG1/ACTIN)
1
0.8
0.6
0.4
d
b
a
c
b
a
PAO PC-25 PC-50 EA-25 EA-50 GA-50
LXRα蛋白相对表达(LXRα/ACTIN)
0.6
0.5
0.4
0.3
0.2
0.1
0
d
c
b
a
a
b
PAO PC-25 PC-50 EA-25 EA-50 GA-50

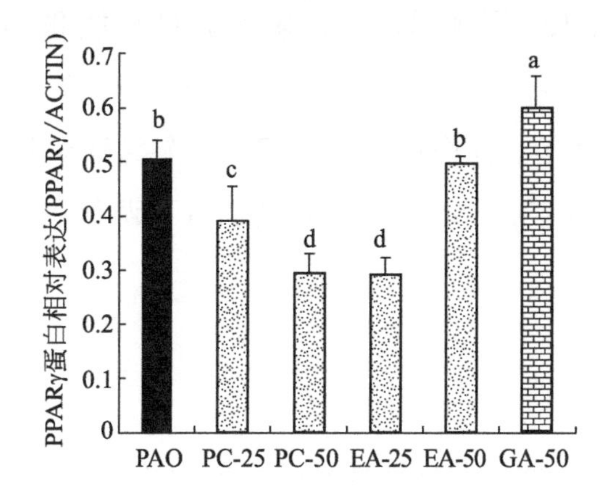

图 5-4　PC、EA 和 GA 对 Raw264.7 泡沫细胞胆固醇流出相关蛋白表达的影响

[组与组之间不同字母代表差异显著（$p<0.05$），相同字母代表差异不显著（$p>0.05$）]

对 ABCA1 蛋白表达的影响，从图 5-4 中可以看出，PC、EA 和 GA 均能上调 ABCA1 蛋白表达，且 PC 和 EA 两个浓度之间有剂量依赖性。综合来看，三者作用中提高 ABCA1 能力最强的是 PC，然后 EA 和 GA 相当。

对 ABCG1 的影响结果显示，与泡沫细胞相比，PC、EA 和 GA 均能显著提高 ABCG1 蛋白表达，且 PC 和 EA 均具有一定浓度依赖性。综合来看，三者提高 ABCG1 蛋白表达能力顺序由强到弱是 PC、GA、EA。

对 LXRα 影响的结果显示，与泡沫细胞对照组相比，PC、EA 和 GA 相关剂量组 LXRα 蛋白表达量均有明显提高，差异显著，且对 PC、EA 浓度有一定依赖性。

对 PPARγ 影响的结果显示，GA 能够显著上调 PPARγ 蛋白表达，而 PC 和 EA 在本试验浓度范围内对 PPARγ 并没有上调作用，而且 PC 两个剂量对其还有下调作用，EA 的 25μmol/L 浓度对其也有下调作用。

5.4 讨论

本章试验发现，PC 和 EA 能够显著上调 LXRα 以及 ABCA1 和 ABCG1 基因的表达，对 PPARγ 的调节作用是降低的，这说明 PC 和 EA 可能通过调节 LXRα-ABCA1 / ABCG1 细胞信号通路促进了泡沫细胞胆固醇流出，不依赖 PPARγ。同时，PC 和 EA 均能够下调 CD36 的表达以减少巨噬细胞胆固醇流入。而 GA 可以显著上调 ABCA1、ABCG1、LXRα 和 PPARγ 的作用。因此，GA 可能通过调节 PPARγ-LXRα-ABCA1/ABCG1 通路促进胆固醇流出，但该试验浓度上 GA 对 CD36 的表达无显著影响。

结合第 4 章试验结果：PPPs 能够上调 Raw264.7 巨噬泡沫细胞 LXRα 和 ABCA1 的表达，可能通过调节 LXRα-ABCA1/SR-B1 通路促进胆固醇流出，而分别单独使用 PC、EA 和 GA 也可得出相同的结论，说明石榴多酚促进泡沫细胞胆固醇流出的作用中其主成分 PC、EA 和 GA 都有一定贡献。PPPs 对 ABCG1 有上调，从 WB 结果上看该作用并不明显，而 PC、EA 和 GA 都能显著上调 ABCG1

的表达，这中间的差别可能是因为石榴皮多酚提取物中这些活性物质的有效浓度较低。

关于对巨噬细胞胆固醇流入的影响，试验结果显示石榴皮多酚能显著下调 CD36 和 PPARγ 的表达以减少胆固醇的流入，分别单独使用 PC 和 EA 对 CD36 和 PPARγ 的表达也有显著下调作用，同时 PC 和 EA 也均能降低细胞内胆固醇的蓄积，说明发挥石榴皮多酚降低巨噬细胞胆固醇流入、减少胆固醇蓄积作用的主成分就是 PC 和 EA，而石榴皮多酚提取物中的 GA 对 CD36 表达和细胞内胆固醇蓄积均无显著影响。Mira Rosenblat (2012) 等对 PC 的研究结论认为，PC 可以通过阻止胆固醇合成而减少细胞内胆固醇蓄积，从而减少泡沫细胞的形成。笔者实验室在关于石榴皮多酚对 L-02 肝细胞内胆固醇合成影响的研究中发现石榴皮多酚、PC 及 EA 均能呈剂量依赖性地减少脂变肝细胞内脂滴的形成，减少细胞内胆固醇的含量，其中安石榴苷最强、石榴皮多酚次之、石榴鞣花酸对 HMG-CoAR mRNA 的影响最小。除此之外，它们减少胆固醇的蓄积也可能仍有其他途径存在，有资料报道，EA 也可以抑制 ox-LDL 介导的 LOX-1 表达。

除此之外，PPPs 中还含有众多活性物质，如绿原酸、儿茶素、表儿茶素、阿魏酸、绿原酸等。据报道绿原酸高剂量时可以显著抑制 $ApoE^{-/-}$ 小鼠 AS 发展，降低 TC、TG

和 LDL-C 等的含量，同时，它能够抑制 ox-LDL 诱导的泡沫细胞形成，上调 PPARγ、LXRα、ABCA1 和 ABCG1 转录，从而促进 HDL 和 apoA-1 介导的 Raw264.7 细胞胆固醇流出，而且其代谢产物咖啡酸、阿魏酸、没食子酸均能促进胆固醇流出。因此，石榴皮多酚能够促进胆固醇的流出，主要是安石榴苷、鞣花酸和没食子酸的作用，但应该还有其他多酚成分的效应。

5.5 小结

（1）PC 和 GA 在 50μmol/L 内、EA 在 25μmol/L 内对 Raw264.7 巨噬细胞无毒性。

（2）PC 和 EA 均可以显著减少 Raw264.7 巨噬细胞源性泡沫细胞内胆固醇的含量，下调了 CD36 和 PPARγ 蛋白表达，且 PC 作用强于 EA；GA 在 50μmol/L 浓度时无减少细胞内胆固醇含量的作用，且也无下调 CD36 蛋白表达的作用。

（3）PC、EA 和 GA 均可以促进泡沫细胞胆固醇的流出，其作用由大到小依次是 PC、GA、EA。PC 和 EA 促进泡沫细胞胆固醇流出的信号通路可能是 LXRα-ABCA1/ABCG1，其调控靶点可能是 LXRα；而 GA 促进泡沫细胞胆固醇流出的信号通路可能是 PPARγ-LXRα-ABCA1/ABCG1，其调控靶点可能是 PPARγ 和 LXRα。

第6章

石榴鞣花酸抗肺癌的研究

鞣花酸（Ellagicacid，EA）是一种多酚二内酯，是没食子酸的二聚衍生物，属于多酚类化合物，以游离态、糖苷或鞣花单宁的形式，广泛存在于双子叶木本植物，也广泛存在于各种水果（草莓、覆盆子、葡萄、黑莓、醋栗、石榴等）和坚果（核桃）中。它具有极高的熔点（＞360℃），非常稳定，具有抗氧化、抗肿瘤、抗菌、抗病毒等多重生物功效。本章以 A549 肺癌细胞为研究对象，分析石榴鞣花酸提取物对 A549 肺癌细胞存活率、细胞形态、细胞周期和细胞凋亡以及线粒体凋亡通路相关蛋白的作用，以期揭示石榴鞣花酸提取物诱导 A549 肺癌细胞凋亡的可能作用途径，为石榴的深度加工利用和新型天然抗肿瘤功能性食品的开发提供一定的理论参考，对充分挖掘石榴的食用及保健价值具有积极意义。

6.1 材料与仪器

6.1.1 试验材料

人非小细胞肺癌细胞株 A549：河南科技大学食品与生物工程学院细胞室保存。

石榴鞣花酸提取物（EAEFP）：西安维特生物科技有限责任公司提供，由石榴皮用100%甲醇提取所得。

四甲基偶氮唑盐（3-(4，5-dimethyl-2-thiazolyl)-2，5-diphenyl-2-H-tetrazoliumbromide，MTT），4′,6-二脒基-2-苯基吲哚（4′,6-diamidino-2-phenylindole，DAPI）：美国 Sigma 公司。

细胞培养基：RPMI-1640，美国 Gibco 公司。

胎牛血清：Gibco10099-141，美国 Gibco | LifeTechnologies 公司。

细胞周期检测试剂盒：AnnexinV-FITC/PI 双染细胞凋亡试剂盒，南京建成生物工程研究所。

6.1.2 试验仪器

Agilent1200Infinity 系列高效液相色谱（high performance liquid chromatography，HPLC）系统：北京安捷

伦科技公司。

CO_2 恒温培养箱：CCL-170B-8 型，新加坡 ESCO 有限公司。

普通倒置显微镜：OLYMPUSCKX41 型，日本 OLYMPUS 公司。

全波长酶标仪：MultiskanGO 型，美国热电公司。

生物柜：ESCOAC2-4S1 型，新加坡 ESCO 有限公司。

流式细胞仪：FACSCalibur 型，美国 BD 公司。

荧光倒置显微镜：LeicaDM3000 型，上海徕卡仪器有限公司。

6.2　试验方法

6.2.1　石榴鞣花酸提取物溶液配制及细胞培养

称取一定量的石榴鞣花酸提取物，用二甲基亚砜（dimethylsulfoxide，DMSO）溶解，避光保存于 4℃ 冰箱中备用。试验时，用无血清培养基稀释贮存液，保证 DMSO 在终体系中体积分数不大于 1‰。A549 肺癌细胞用含 10%（质量分数）RPMI-1640 培养液，置于 37℃，5%（体积分数）CO_2 相对饱和湿度恒温培养箱中培养。

6.2.2 细胞增殖抑制试验

利用MTT比色法检测EAEFP对A549肺癌细胞存活率的影响。取对数生长期的A549肺癌细胞，计数后调整至适宜种板密度，每孔种板90μL。过夜培养后，分别加入10μL不同质量浓度的EAEFP。继续培养48h后，每孔加入20μLMTT，孵育4h后加入50μL三联液，过夜孵育后用全波长酶标仪检测570nm波长处的吸光度，以对照组为100%计算各处理组的细胞活力。各质量浓度的EAEFP设6个平行复孔，为了消除原始细胞对吸光度的影响，不同处理样品最后的吸光值均减去原始细胞的吸光值。

6.2.3 DAPI染色法分析细胞形态

取对数生长期的A549肺癌细胞接种于六孔板，种板密度为1×10^5个/mL，每孔2mL，将经过多聚赖氨酸包被的无菌玻片放入六孔板中。过夜培养后，加EAEFP继续孵育48h，将上清液弃去，加入4%多聚赖氨酸固定。将固定液去除后，加入DAPI染色液，染色15min后，用荧光显微镜拍照。

6.2.4 细胞周期的检测

利用流式分析仪分析 EAEFP 对细胞周期的影响。取对数生长期的细胞，铺六孔板，种板密度为 1×10^5 个/mL，每孔 2mL。过夜培养后，加药继续孵育 48h 后，离心收集细胞，弃上清，用预冷磷酸盐缓冲溶液（phosphate buffer saline，PBS）洗细胞两次。加入预冷 70%乙醇，于 4℃固定过夜，或 −20℃长期固定。离心收集细胞，以 1mL 的 PBS 洗细胞一次，加入 500μL PBS [含 50μg/mL 溴化乙锭（PI），100 μg/mL RNase A]，4℃避光孵育 30min。用流式细胞仪检测，一般计数 1 万个细胞，结果用细胞周期拟和软件 ModFit 分析。

6.2.5 细胞凋亡率的检测

利用 Annexin V-FITC/PI 双染法流式细胞仪检测 EAEFP 对 A549 肺癌细胞的凋亡。按照试剂盒操作说明进行如下操作：将对数生长期 A549 肺癌细胞接种于六孔板中，种板密度为 1×10^5 个/mL，每孔 2mL。过夜培养后加药。相同条件下，继续孵育 48h，消化收集细胞，用 PBS 洗 2 次，加入 100μL 结合缓冲液和 FITC 标记的 Annexin-V 5μL，PI 1μL，室温避光 30min。加入 400μL 缓冲液，立即用 FAC Scan 进行流式细胞术定量检测，以不加 Annexin V-FITC 及 PI 作为阴性对照。

6.2.6 细胞内蛋白表达量的测定

蛋白质印迹法（Western Blot）是将细胞的总蛋白样品通过凝胶电泳分离，转膜后使特异性抗体与特定抗原相结合，通过分析着色位点与深度判断某种蛋白表达量变化的蛋白质检测技术。本试验采用该方法检测受试物处理后细胞内凋亡相关蛋白表达量的变化情况。取对数生长期且状态良好的 A549 肺癌细胞制成 1×10^5 个/mL 的单细胞悬液，接种于 $25cm^2$ 的细胞培养瓶中，置于 37℃、5%CO_2 的恒温培养箱中培养，24h 后更换培养液，处理组添加不同浓度的 EAEFP 培养液。设 EAEFP 处理组和阴性对照组，继续培养 24h 后，倒掉培养液，用预冷的 PBS 洗冻细胞 2～3 次后，将细胞放在冰上，用已准备好的 RIPA 裂解液对细胞进行裂解，把细胞碎片和裂解液一同转移到离心管中，所有操作均要在冰上完成。将离心管放入冷冻离心机中 4℃ 12000r/min 离心 5min，吸取上清，于－20℃下保存，同时取少量样品检测蛋白含量。样品制备好后，进行 SDS-PAGE 电泳，向准备好的 10% 分离胶中加入 TEMED 后迅速摇匀进行灌胶，操作中不能产生气泡，灌好后缓慢地加水液封，待胶充分凝固后铅水倒掉并用吸水纸吸干，然后向剩余空间中灌满4%的浓缩胶并向其中插入梳子，待浓缩胶凝固后将梳子小心拔出，用水冲洗后放入电泳槽中，加入电泳液后上样，样品在电泳前煮沸5min使蛋白变性。上样完成后进行电泳，等刚跑出时即可终止电泳，进行转膜。在转移液中用转膜的夹子按从下到上滤纸、分离胶、硝酸纤维素膜、滤纸的顺序夹好，保证没有气泡产生后，将夹子放入转移槽中通电转移，60V转移2h，转完后置于脱色摇床上，将膜用染液染5min，然后用水冲掉多余染液，用于后续的免疫反应。用TBS从上到下将膜浸湿后放入含有封闭液的培养皿中，于室温下在脱色摇床上摇动进行封闭，然后将一抗用TBS稀释至合适的浓度后与膜上的蛋白进行特异性结合，室温下孵育，分别在脱色摇床上洗两次，每次洗10min，再用同样的方法将二抗与蛋白进行接触，洗好后与化学发光剂反应。X光片曝光显示结果，对胶片扫描并用alpha软件处理系统对目标带的光密度值进行分析。

6.2.7　数据分析

以上试验每组样品测3个平行样，所得数据用Microsoft Excel数据统计软件进行处理制图，并用DPS软件进行差异性分析，显著水平为$p<0.05$。

6.3 结果与分析

6.3.1 石榴鞣花酸提取物对 A549 肺癌细胞增殖的抑制作用

利用 MTT 比色法分析 EAEFP 对 A549 肺癌细胞存活率的影响，结果如图 6-1 所示。由图中可知，随着 EAEFP 质量浓度的增大，A549 肺癌细胞的存活率逐渐降低，呈现较好的剂量效应。当 EAEFP 质量浓度为 100μg/mL 时，细胞存活率为 83.54%，与对照组相比差异显著（$p<0.05$）。当 EAEFP 质量浓度为 250μg/mL 时，细胞存活率

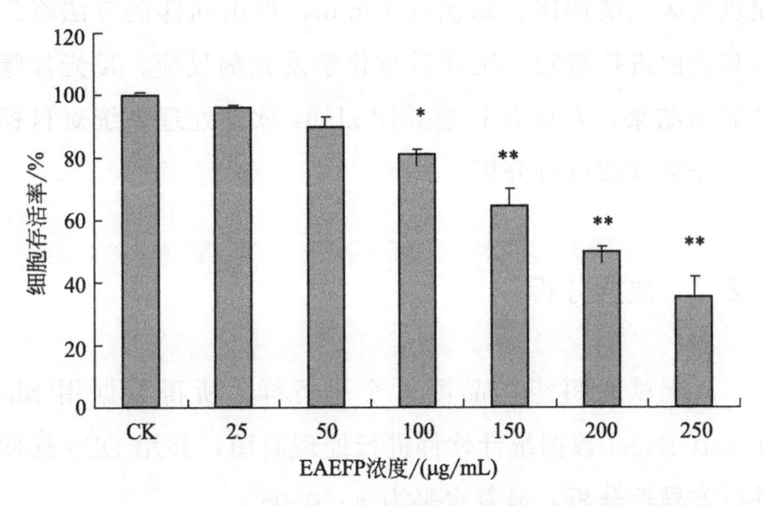

图 6-1　EAEFP 对 A549 肺癌细胞存活率的影响

[* 表示差异显著（$p<0.05$），* * 表示差异极显著（$p<0.01$）]

仅为35.77%。可见EAEFP对A549肺癌细胞的增殖具有良好的抑制作用。

6.3.2　石榴鞣花酸提取物对A549肺癌细胞形态的影响

A549肺癌细胞经EAEFP处理后，利用DAPI染色法对其进行形态学分析，结果如图6-2所示。图6-2(a)为空白对照组，可见细胞大小均一、轮廓清楚，未见明显的悬浮细胞。图6-2(b)为150μg/mL EAEFP处理后的细胞，可见A549肺癌细胞的生长受到显著的抑制，细胞数量明显减少，细胞核出现了一定程度的皱缩，甚至出现了一些细胞碎片。对细胞的这种破坏随着EAEFP质量浓度的提高而加剧［图6-2(c)］。因此，初步推断EAEFP具有促使A549肺癌细胞形态异常化的作用，从而促进了A549肺癌细胞的凋亡。

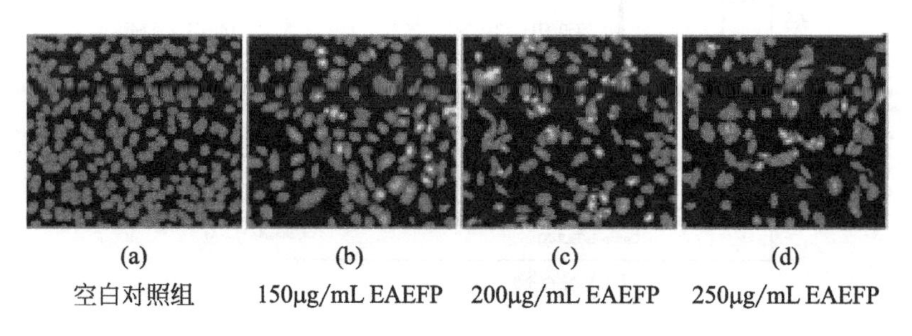

(a) 空白对照组　(b) 150μg/mL EAEFP　(c) 200μg/mL EAEFP　(d) 250μg/mL EAEFP

图6-2　EAEFP对A549肺癌细胞形态的影响

6.3.3 石榴鞣花酸提取物对 A549 肺癌细胞周期的影响

细胞的分裂一般分为 3 个阶段，分别为 G1 期（DNA 合成前期）、S 期（DNA 合成期）、G2 期（DNA 合成后期）。为了探究 EAEFP 对 A549 细胞增殖的抑制作用是否与其阻滞了细胞周期有关，本文利用流式细胞仪分析 EAEFP 作用于 A549 肺癌细胞 48h 后对 A549 肺癌细胞周期的影响，结果如图 6-3 所示。

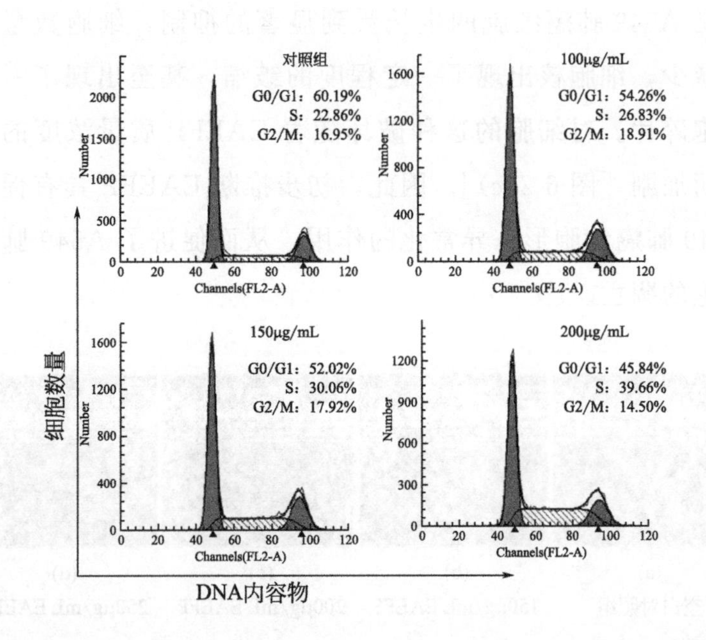

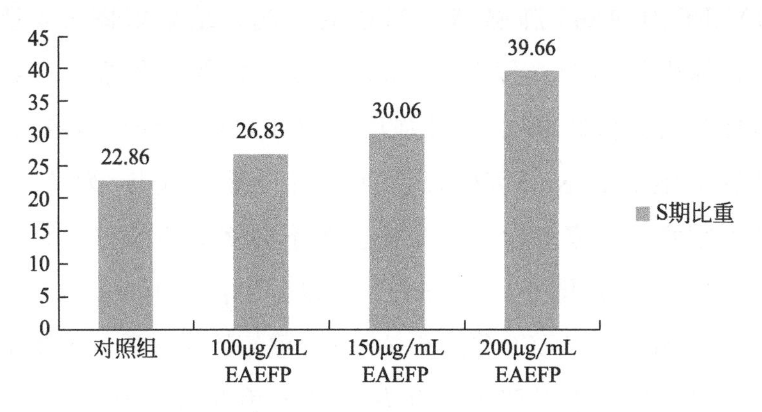

图 6-3　EAEFP 对 A549 肺癌细胞周期的影响

从图 6-3 可以看出：当 150μg/mL 和 200μg/mL 的 EAEFP 作用于 A549 肺癌细胞 48h 后，S 期细胞个数明显少于对照组，且随着 EAEFP 质量浓度的增大，S 期细胞个数越来越少。数据统计结果显示：EAEFP 作用于 A549 肺癌细胞后，G1 期细胞个数百分比由 60.19% 降至 45.84%，S 期细胞个数百分比由 22.86% 升至 39.64%，G2 期细胞个数百分比无明显变化。这表明 EAEFP 将 A549 肺癌细胞阻滞在 S 期，影响 DNA 正常复制，从而抑制了 A549 肺癌细胞的增殖。

6.3.4　石榴鞣花酸提取物对 A549 肺癌细胞凋亡的影响

采用 AnnexinV-FITC/PI 双染流式细胞仪分析

EAEFP对A549肺癌细胞凋亡的影响，结果如图6-4所示，横坐标为荧光探针AnnexinV-FITC的信号强度，纵坐标为荧光探针PI的信号强度。图6-4(a)～(c)为A549肺癌细胞AnnexinV/PI染色点阵图。图6-4(d)为A549肺癌细胞凋亡率统计图，图柱上方不同字母表示差异显著($p<0.05$)。从图6-4 (a)～(c)可以看出：当100μg/mL和150μg/mL的EAEFP作用于A549肺癌细胞48h后，细胞凋亡数量明显高于对照组，且有剂量依赖关系。图6-4 (d)显示两个质量浓度处理组的A549肺癌细胞凋亡率分别为18.18%和23.31%，均显著高于对照组A549肺癌细胞凋亡率($p<0.05$)，表明EAEFP能诱导A549肺癌细胞凋亡并呈剂量依赖性。

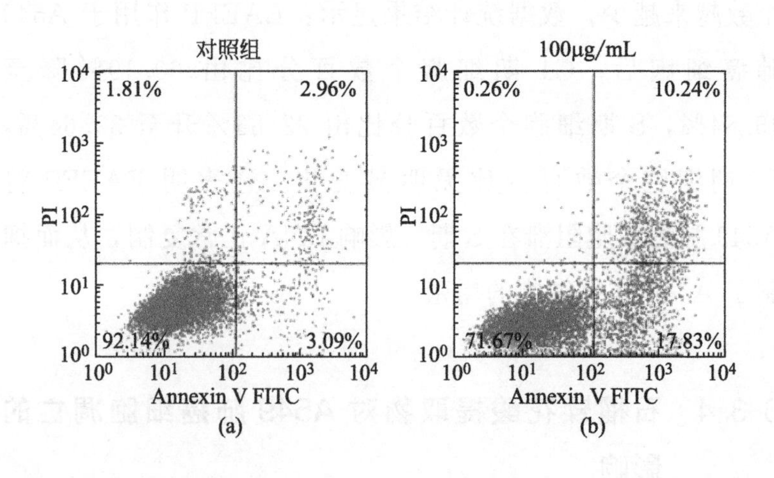

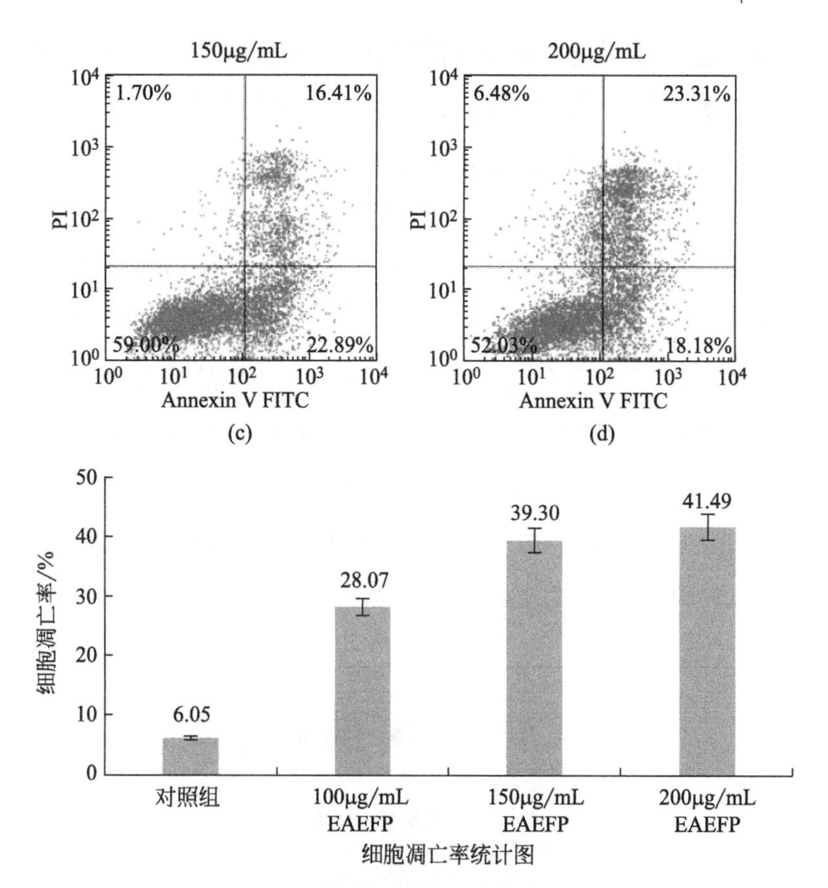

图 6-4 EAEFP 对 A549 肺癌细胞凋亡的影响

6.3.5 蛋白质印迹法检测凋亡相关蛋白表达量的结果

在线粒体凋亡途径中，外部的凋亡诱导因子会引起 P53 蛋白表达升高，然后引起促凋亡蛋白 Bax 和抑凋亡蛋白 Bcl-2 的变化，继而导致线粒体内细胞色素 C 的释放量增多，进一步引起 Caspase 的活化，Caspase 会通过水解蛋白使细胞崩解，剪切细胞核中的 DNA 修复酶 PARP 造成 DNA 损伤，最终导致细胞凋亡。

图 6-5 中 Western Blot 试验结果显示，A549 肺癌细胞经 EAEFP 处理 24h 后，在一定范围内，随着受试物浓度的增大，p53 蛋白的表达量明显上升，细胞中促凋亡蛋白 Bax 表达先下降后升高，抑凋亡蛋白 Bcl-2 的表达量先升高又降低，但可明显看出 Bax/Bcl-2 的值却显著升高，即促凋亡逐渐占据主导地位。这一系列蛋白表达量的变化，说明 EAEFP 诱导 A549 肺癌细胞凋亡的作用机制与 EAEEP 调控细胞线粒体凋亡通路有关。

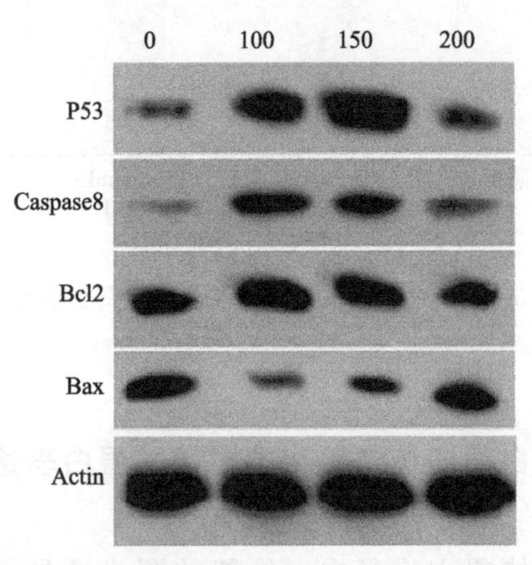

图 6-5 EAEFP 对 A549 肺癌细胞内凋亡相关蛋白的表达量影响

（图中数字单位：μg/mL）

6.4 小结

石榴鞣花酸提取物能显著抑制A549肺癌细胞的增殖，且在质量浓度为100～200μg/mL时呈现良好的剂量效应。石榴鞣花酸提取物可以使A549肺癌细胞形态发生改变，细胞核发生皱缩，且随着质量浓度的增大，细胞核皱缩更加严重。石榴鞣花酸提取物可以干扰A549肺癌细胞生长周期，将细胞阻滞在S期，抑制细胞DNA正常复制。石榴鞣花酸提取物可以引起A549肺癌细胞凋亡，且呈剂量依赖性。石榴鞣花酸提取物对A549肺癌细胞具有良好的凋亡作用，是潜在的抗癌天然物质。

附录

缩写词中英文对照表

英文缩写	英文名称	中文名称
AS	Atherosclerosis	动脉粥样硬化
PPPs	Pomegranate peel polyphenols	石榴皮多酚
PC	Punicalagin	安石榴苷
EA	Ellagic acid	鞣花酸
GA	Gallic acid	没食子酸
PJ	Pomegranate juice	石榴汁
CRP	C reactive protein	C反应蛋白
TBA	Total bile acid	总胆汁酸
AI	Atherosclerosis index	动脉粥样硬化指数
ox-LDL	oxidized low density lipoprotein	氧化低密度脂蛋白
HDL-C	High density lipoprotein cholesterol	高密度脂蛋白胆固醇
ApoA-1	ApolipoproteinA-1	载脂蛋白 A1
RCT	reverse cholesterol transport	胆固醇逆转运
DMSO	Dimethyl sulfoxide	二甲基亚砜
WB	Western blot	蛋白质免疫印迹

续表

英文缩写	英文名称	中文名称
MTT	3-(4,5-dimethyl-2-thiazolyl)-2,5-diphenyl-2-H-tetrazolium bromide	噻唑蓝
ABCA1	ATP binding cassette transporter A1	三磷酸腺苷结合盒转运体 A1
ABCG1	ATP binding cassette transporter G1	三磷酸腺苷结合盒转运体 G1
LXRα	liver X receptor alpha	肝脏 X 受体 α
PPARγ	peroxisome proliferator-activated receptor	过氧化物酶体增殖物激活受体
ACAT1	acetyl-Coenzyme A acetyltransferase	乙酰辅酶 A 乙酰转移酶
nCEH	cholesterol ester hydrolase	胆固醇脂水解酶
GGPP	geranylgeranyl pyrophosphate	香叶基香叶基焦磷酸
JNK	C-Jun N-terminal kinase	c-Jun 氨基末端激酶
PI3K	phosphatidylinositol 3-kinase	磷脂酰肌醇 3-激酶
AKT	protein kinase B	蛋白激酶 B
SR-B1	Scavenger receptor class B type Ⅰ	B 族 Ⅰ 型清道夫受体
FBS	Fetal bovine serum	胎牛血清
PBS	Phosphate-buffered saline	磷酸盐缓冲液
PCR	Polymerase chain reaction	聚合酶链反应
RT-PCR	Reverse transcript polymerase chain reaction	逆转录-聚合酶链式反应

续表

英文缩写	英文名称	中文名称
TC	Total cholesterol	总胆固醇
TG	Triglyceride	甘油三酯
FC	Free cholesterol	游离胆固醇
CE	Cholesterol ester	胆固醇酯
mRNA	Messenger ribonucleic acid	信使核糖核酸
HPLC	High performance liquid chromatography	高效液相色谱
LDL-C	Low density lipoprotein cholesterol	低密度脂蛋白胆固醇
Real-time PCR	Real-time quantitative PCR	实时定量 PCR
CD36	Class B scavenger receptor	B 类清道夫受体的一种亚型
SR-A	Scavenger receptor class A	清道夫受体 A
LOX-1	Lectin-like oxidized low-density lipoprotein receptor-1	凝集素样氧化低密度脂蛋白受体-1
MDA	Malondialdehyde	丙二醛
ALT	Glutamic pyruvic transaminase	谷丙转氨酶
AST	Glutamic oxalacetic transaminase	谷草转氨酶

参考文献

[1] Zarfeshany A, Asgary S, Javanmard S H. Potent health effects of pomegranate [J]. Advanced Biomedical Research, 2014, 3 (1): 100-107.

[2] Mustafa Ç, Yaşar H. Pressurised water extraction of polyphenols from pomegranate peels [J]. Food Chemistry, 2011, 123 (3): 878-885.

[3] Haber S L, Joy J K, Largent R. Antioxidant and antiatherogenic effects of pomegranate [J]. American journal of health-system pharmacy : AJHP: official journal of the American Society of Health-System Pharmacists, 2011, 68 (14): 1302-1305.

[4] 彭海燕．石榴不同品种及不同部位多酚含量的比较研究 [D]. 西华大学, 2012.

[5] 田树革, 魏玉龙, 刘宏炳．Folin-Ciocalteu 比色法测定石榴不同部位总多酚的含量 [J]. 光谱实验室, 2009, 26 (2): 341-344.

[6] 李梦颖．石榴皮多酚高效液相色谱指纹图谱研究 [D]. 陕西师

范大学，2013.

[7] Li X，Wasila H，Liu L，et al. Physicochemical characteristics，polyphenol compositions and antioxidant potential of pomegranate juices from 10 Chinese cultivars and the environmental factors analysis [J]. Food Chemistry，2015，175：575-584.

[8] 李国秀 . 石榴多酚类物质的分离鉴定和抗氧化活性研究 [D]. 陕西师范大学，2008.

[9] Seeram N，Lee R，Hardy M，et al. Rapid large scale purification of ellagitannins from pomegranate husk，a by-product of the commercial juice industry [J]. Separation & Purification Technology，2005，41 (1)：49-55.

[10] Zhang Q，Jia D，Yao K. Antiliperoxidant activity of pomegranate peel extracts on lard [J]. Natural Product Research，2007，21 (3)：211-216.

[11] Wasila H，Li X，Liu L，et al. Peel effects on phenolic composition，antioxidant activity，and making of pomegranate juice and wine [J]. Journal of Food Science，2013，78 (8)：1166-1172.

[12] Basiri S，Shekarforoush S S，Aminlari M，et al. The effect of pomegranate peel extract (PPE) on the polyphenol oxidase (PPO) and quality of Pacific white shrimp (Litopenaeus vannamei) during refrigerated storage [J]. LWT-Food Science and Technology，2015，60 (2)：1025-1033.

[13] Kanatt S R，Chander R，Sharma A. Antioxidant and antimi-

crobial activity of pomegranate peel extract improves the shelf life of chicken products [J]. International Journal of Food Science & Technology, 2010, 45 (2): 216-222.

[14] Devatkal S K, Narsaiah K, Borah A. Anti-oxidant effect of extracts of kinnow rind, pomegranate rind and seed powders in cooked goat meat patties [J]. Meat Science, 2010, 85 (1): 155-159.

[15] Qin Y Y, Zhang Z H, Li L, et al. Antioxidant effect of pomegranate rind powder extract, pomegranate juice, and pomegranate seed powder extract as antioxidants in raw ground pork meat [J]. Food Science and Biotechnology, 2013, 22 (4): 1063-1069.

[16] Turgut S S, Soyer A, Işıkçı F. Effect of pomegranate peel extract on lipid and protein oxidation in beef meatballs during refrigerated storage [J]. Meat Science, 2016, 116: 126-132.

[17] Song B, Li J, Li J. Pomegranate peel extract polyphenols induced apoptosis in human hepatoma cells by mitochondrial pathway [J]. Food & Chemical Toxicology, 2016, 93: 158-166.

[18] Adams L S, Zhang Y, Seeram N P, et al. Pomegranate ellagitannin-derived compounds exhibit antiproliferative and antiaromatase activity in breast cancer cells in vitro [J]. Cancer Prevention Research (Philadelphia), 2010, 3 (1): 108-113.

[19] Vanella L，Di Giacomo C，Acquaviva R，et al. Effects of ellagic Acid on angiogenic factors in prostate cancer cells [J]. Cancers (Basel)，2013，5 (2)：726-738.

[20] Karlsson S，Nanberg E，Fjaeraa C，et al. Ellagic acid inhibits lipopolysaccharide-induced expression of enzymes involved in the synthesis of prostaglandin E2 in human monocytes [J]. The British journal of nutrition，2010，103 (8)：1102-1109.

[21] Ma G Z，Wang C M，Li L，et al. Effect of pomegranate peel polyphenols on human prostate cancer PC-3 cells in vivo [J]. Food Science and Biotechnology，2015，24 (5)：1887-1892.

[22] Heber D. Multitargeted therapy of cancer by ellagitannins [J]. Cancer Letters，2008，269 (2)：262-268.

[23] Khan N，Hadi N，Afaq F，et al. Pomegranate fruit extract inhibits prosurvival pathways in human A549 lung carcinoma cells and tumor growth in athymic nude mice [J]. Carcinogenesis，2007，28 (1)：163-173.

[24] Kasimsetty S G，Bialonska D，Reddy M K，et al. Colon cancer chemopreventive activities of pomegranate ellagitannins and urolithins [J]. Journal of Agricultural and Food Chemistry，2010，58 (4)：2180-2187.

[25] Jaganathan S K，Vellayappan M V，Narasimhan G，et al. Role of pomegranate and citrus fruit juices in colon cancer prevention [J]. World Journal of Gastroenterology，2014，20 (16)：4618-4625.

[26] Yoshimura M, Watanabe Y, Kasai K, et al. Inhibitory effect of an ellagic acid-rich pomegranate extract on tyrosinase activity and ultraviolet-induced pigmentation [J]. BIoscience, Biotechnology and Biochemistry, 2005, 69 (12): 2368-2673.

[27] 邱华锋．鞣花酸抗鼻咽癌CNE-2细胞的作用及分子机制初探[D]．桂林医学院，2012.

[28] Ramirezmares M V, Chandra S, de Mejia E G. In vitro chemopreventive activity of Camellia sinensis, Ilex paraguariensis and Ardisia compressa tea extracts and selected polyphenols [J]. Mutation Research/fundamental & Molecular Mechanisms of Mutagenesis, 2004, 554 (1-2): 53-65.

[29] Yoshioka K, Kataoka T, Hayashi T, et al. Induction of apoptosis by gallic acid in human stomach cancer KATO III and colon adenocarcinoma COLO 205 cell lines [J]. Oncology Reports, 2000, 7 (6): 1221-1223.

[30] 钟振国，梁红，钟益宁，等．余甘子叶提取成分没食子酸的体外抗肿瘤实验研究[J]．时珍国医国药，2009，20 (8): 1954-1955.

[31] 郭晓烊，尹晶，陈希文，等．石榴皮鞣质的提取及体外抑菌活性[J]．江苏农业科学，2011，39 (3): 403-405.

[32] 卡西姆．石榴皮多酚的提取、抑菌活性及其在鲜牛奶储藏中的应用[D]．哈尔滨工业大学，2013.

[33] 张晓玲．石榴皮多酚对痤疮丙酸杆菌体外抑菌活性的实验研究[D]．湖南中医药大学，2015.

[34] 熊素英. 石榴皮抑菌液的制备及抑菌特性研究 [D]. 西北农林科技大学，2007.

[35] 陆雪莹，热依木古丽·阿布都拉，李艳红，等. 新疆石榴皮总多酚有效部位的抗氧化、抗菌及抗肿瘤活性 [J]. 食品科学，2012，33 (9)：26-30.

[36] Voravuthikunchai S，Lortheeranuwat A，Jeeju W，et al. Effective medicinal plants against enterohaemorrhagic Escherichia coli O157：H7 [J]. Journal of Ethnopharmacology，2004，94 (1)：49-54.

[37] Hajimahmoodi M，ShamsArdakani M，Saniee P，et al. In vitro antibacterial activity of some Iranian medicinal plant extracts against Helicobacter pylori [J]. Natural Product Research，2011，25 (11)：1059-1066.

[38] Anesini C，Perez C. Screening of plants used in Argentine folk medicine for antimicrobial activity [J]. Journal of Ethnopharmacology，1993，39 (39)：119-128.

[39] Meléndez P A，Capriles V A. Antibacterial properties of tropical plants from Puerto Rico [J]. Phytomedicine International Journal of Phytotherapy & Phytopharmacology，2006，13 (4)：272-276.

[40] Alzoreky N S. Antimicrobial activity of pomegranate (Punica granatum L.) fruit peels [J]. International Journal of Food Microbiology，2009，134 (3)：244-248.

[41] Dey D，Debnath S，Hazra S，et al. Pomegranate pericarp extract enhances the antibacterial activity of ciprofloxacin

against extended-spectrum β-lactamase (ESBL) and metallo-β-lactamase (MBL) producing Gram-negative bacilli [J]. Food & Chemical Toxicology, 2012, 50 (12): 4302-4309.

[42] Ismail T, Sestili P, Akhtar S. Pomegranate peel and fruit extracts: A review of potential anti-inflammatory and anti-infective effects [J]. Journal of Ethnopharmacology, 2012, 143 (2): 397-405.

[43] Houston D M J, Bugert J, Denyer S P, et al. Anti-inflammatory activity of Puni ca granatum L. (Pomegranate) rind extracts applied topically to ex vivo skin [J]. European Journal of Pharmaceutics & Biopharmaceutics Official Journal of Arbeitsgemeinschaft Fur Pharmazeutische Verfahrenstechnik E V, 2017, 112: 30-37

[44] Lee C J, Chen L G, Liang W L, et al. Anti-inflammatory effects of Punica granatum Linne in vitro and in vivo [J]. Food Chemistry, 2010, 118 (2): 315-322.

[45] Xu X, Yin P, Wan C, et al. Punicalagin inhibits inflammation in LPS-induced RAW264. 7 macrophages via the suppression of TLR4-mediated MAPKs and NF-κB activation [J]. Inflammation, 2014, 37 (3): 956-565.

[46] Kim H, Banerjee N, Ivanov I, et al. Comparison of anti-inflammatory mechanisms of mango (Mangifera Indica L.) and pomegranate (Punica Granatum L.) in a preclinical model of colitis [J]. Molecular Nutrition & Food Research, 2016, 9: 1912-1923.

[47] Shah T A，Parikh M，Patel K V，et al. Evaluation of the effect of Punica granatum juice and punicalagin on NFκB modulation in inflammatory bowel disease [J]. Molecular and Cellular Biochemistry，2016，419（1）：65-74.

[48] Park S，Seok J K，Kwak J Y，et al. Anti-Inflammatory Effects of Pomegranate Peel Extract in THP-1 Cells Exposed to Particulate Matter PM10 [J]. Evidence-based Complementary and Alternative Medicine ：eCAM，2016，2016（3）：1-11.

[49] Abe M，Arai S，Fujimaki M. Pomegranate juice consumption reduces oxidative stress，atherogenic modifications to LDL，and platelet aggregation：studies in humans and in atherosclerotic apolipoprotein E-deficient mice [J]. American Journal of Clinical Nutrition，2000，71（5）：1062-1076.

[50] Aviram M，Dornfeld L. Pomegranate juice consumption inhibits serum angiotensin converting enzyme activity and reduces systolic blood pressure [J]. Atherosclerosis，2001，158（1）：195-198.

[51] Aviram M，Dornfeld L，Kaplan M，et al. Pomegranate juice flavonoids inhibit low-density lipoprotein oxidation and cardiovascular diseases：studies in atherosclerotic mice and in humans [J]. Drugs under Experimental and Clinical Research，2002，28（2-3）：49-62.

[52] Aviram M，Rosenblat M，Gaitini D，et al. Pomegranate juice consumption for 3 years by patients with carotid artery

stenosis reduces common carotid intima-media thickness, blood pressure and LDL oxidation [J]. Clinical Nutrition, 2004, 23 (3): 423-433.

[53] Jen H C, Rickard D G, Shew S B, et al. Trends and outcomes of adolescent bariatric surgery in California, 2005-2007 [J]. Pediatrics, 2010, 126 (4): 746-753.

[54] Suastika K. Update in the management of obesity [J]. Acta Medica Indonesiana, 2006, 38 (38): 231-237.

[55] Li Y, Wen S, Kota B P, et al. Punica granatum flower extract, a potent alpha-glucosidase inhibitor, improves postprandial hyperglycemia in Zucker diabetic fatty rats [J]. Journal of Ethnopharmacology, 2005, 99 (2): 239-244.

[56] Melo C L D, Queiroz M G R, Fonseca S G C, et al. Oleanolic acid, a natural triterpenoid improves blood glucose tolerance in normal mice and ameliorates visceral obesity in mice fed a high-fat diet [J]. Chemico-Biological Interactions, 2010, 185 (1): 59-65.

[57] Vroegrijk I O, van Diepen J A, Van d B S, et al. Pomegranate seed oil, a rich source of punicic acid, prevents diet-induced obesity and insulin resistance in mice [J]. Food & Chemical Toxicology An International Journal Published for the British Industrial Biological Research Association, 2011, 49 (49): 1426-1230.

[58] Lei F, Zhang X N, Wang W, et al. Evidence of anti-obesity effects of the pomegranate leaf extract in high-fat diet induced

obese mice [J]. International Journal of Obesity, 2007, 31 (6): 1023-1029.

[59] Huang T H, Peng G, Kota B P, et al. Pomegranate flower improves cardiac lipid metabolism in a diabetic rat model: role of lowering circulating lipids [J]. British Journal of Pharmacology, 2005, 145 (6): 767-774.

[60] Jang A, Srinivasan P, Lee N Y, et al. Comparison of hypolipidemic activity of synthetic gallic acid-linoleic acid ester with mixture of gallic acid and linoleic acid, gallic acid, and linoleic acid on high-fat diet induced obesity in C57BL/6 Cr Slc mice [J]. Chemico-Biological Interactions, 2008, 174 (2): 109-117.

[61] Al-Muammar M N, Khan F. Obesity: Obesity: The preventive role of the pomegranate (Punica granatum) [J]. Nutrition, 2012, 28 (6): 595-604.

[62] Cerdá B, Llorach R, Cerón J J, et al. Evaluation of the bioavailability and metabolism in the rat of punicalagin, an antioxidant polyphenol from pomegranate juice [J]. European Journal of Nutrition, 2003, 42 (1): 18-28.

[63] Esmaillzadeh A, Tahbaz F, Gaieni I, et al. Concentrated pomegranate juice improves lipid profiles in diabetic patients with hyperlipidemia [J]. Journal of Medicinal Food, 2004, 7 (3): 305-308.

[64] Esmaillzadeh A, Tahbaz F, Gaieni I, et al. Cholesterol-lowering effect of concentrated pomegranate juice consumption in

type II diabetic patients with hyperlipidemia [J]. International Journal for Vitamin & Nutrition Research, 2006, 76 (76): 147-151.

[65] Ariani, Hawa P, Akhmad S A. Comparison between Effectiveness of Pomegranate Juice (Punica granatum) and Simvastatin for Lowering Blood LDL Level in Hypercholesterolemic Male Rats (Rattus novergicus) [J]. 2016, 15 (2): 216-219.

[66] Esmael O A, Sonbul S N, Moselhy S S, et al. Hypolipidemic effect of fruit fibers in rats fed with high dietary fat [J]. Toxicology & Industrial Health, 2015, 31 (3): 281-288.

[67] Aruna P, Venkataramanamma D, Singh A K, et al. Health Benefits of Punicic Acid: A Review [J]. Comprehensive Reviews in Food Science & Food Safety, 2016, 15 (1): 16-27.

[68] 丁玮，孙建新，扎文峰，等．石榴皮醇提物降血脂作用的实验研究 [J]. 中药新药与临床药理，2011，22 (1): 44-47.

[69] 程霜．石榴皮萃取物抗氧化和降血脂作用与成分研究 [D]. 中国人民解放军军事医学科学院 解放军军事医学科学院，2005.

[70] Rojanathammanee L, Puig K L, Combs C K. Pomegranate polyphenols and extract inhibit nuclear factor of activated T-cell activity and microglial activation in vitro and in a transgenic mouse model of Alzheimer disease [J]. The Journal of nutrition, 2013, 143 (5): 597-605.

[71] Glass C K, Witztum J L. Atherosclerosis: The Road Ahead [J]. Cell, 2001, 104 (4): 503-516.

[72] Rios F J O, Ferracini M, Pecenin M, et al. Uptake of ox-LDL and IL-10 Production by Macrophages Requires PAFR and CD36 Recruitment into the Same Lipid Rafts [J]. Plos One, 2013, 8 (10): 1-13.

[73] Ma A Z S, Zhang Q, Song Z Y. TNFa alter cholesterol metabolism in human macrophages via PKC-θ-dependent pathway [J]. BMC Biochemistry, 2013, 14 (1): 1-7.

[74] Boullier A, Bird D A, Chang M K, et al. Scavenger receptors, oxidized LDL, and atherosclerosis [J]. Annals of the New York Academy of Sciences, 2001, 947 (1): 214-223.

[75] Abumrad N A, Ajmal M, Pothakos K, et al. CD36 expression and brain function: does CD36 deficiency impact learning ability? [J]. Prostaglandins & Other Lipid Mediators, 2005, 77 (4): 77-83.

[76] Moore K J, Rosen E D, Fitzgerald M L, et al. The role of PPAR-gamma in macrophage differentiation and cholesterol uptake [J]. Nature Medicine, 2001, 7 (1): 41-47.

[77] Febbraio M, Hajjar D P, Silverstein R L. CD36: a class B scavenger receptor involved in angiogenesis, atherosclerosis, inflammation, and lipid metabolism [J]. Journal of Clinical Investigation, 2001, 108 (6): 785-791.

[78] Chawla A, Barak Y, Nagy L, et al. PPAR-gamma dependent and independent effects on macrophage-gene expression in

lipid metabolism and inflammation [J]. Nature Medicine, 2001, 7 (1): 48-52.

[79] Kunjathoor V V, Febbraio M, Podrez E A, et al. Scavenger Receptors Class A-I/II and CD36 Are the Principal Receptors Responsible for the Uptake of Modified Low Density Lipoprotein Leading to Lipid Loading in Macrophages [J]. Journal of Biological Chemistry, 2002, 277 (51): 49982-49988.

[80] Fratta P A, Garbin U, Cominacini L. Inhibition of lectin-like oxidized low-density lipoprotein receptor-1 expression: is it right now a safe and promising therapeutic approach for atherosclerosis? [J]. Journal of Hypertension, 2009, 27 (3): 452-455.

[81] Pennings M, Meurs I, Ye D, et al. Regulation of cholesterol homeostasis in macrophages and consequences for atherosclerotic lesion development [J]. FEBS letters, 2006, 580 (23): 5588-5596.

[82] Yvancharvet L, Nan W, Tall A R. The role of HDL, ABCA1 and ABCG1 transporters in cholesterol efflux and immune responses [J]. Arteriosclerosis Thrombosis & Vascular Biology, 2010, 30 (2): 139-143.

[83] Zhang Y, Ahmed A M, Mcfarlane N, et al. Regulation of SR-BI-mediated selective lipid uptake in Chinese hamster ovary-derived cells by protein kinase signaling pathways [J]. Journal of Lipid Research, 2007, 48 (2): 405-416.

[84] Gelissen I C, Harris M, Rye K A, et al. ABCA1 and ABCG1 Synergize to Mediate Cholesterol Export to ApoA-I [J].

Arteriosclerosis Thrombosis & Vascular Biology，2006，26 (3)：534-540.

[85] Matsuura F，Wang N，Chen W，et al. HDL from CETP-deficient subjects shows enhanced ability to promote cholesterol efflux from macrophages in an apoE- and ABCG1-dependent pathway [J]. Journal of Clinical Investigation，2006，116 (5)：1435-1442.

[86] López M M D，Triana D M S，Forero I E M，et al. Effect of the PPARγ modulation on the reverse pathway of cholesterol [J]. Medunab，2006，9 (3)：192-197.

[87] 高英英，欧芹，魏晓东，等．山楂叶总黄酮对AS模型大鼠PPARα、LXR、ABCA1mRNA表达的影响 [J]. 中国老年学，2011，31 (13)：2502-2504.

[88] 刘晓燕，严士敏，龚慧，等．小檗碱对THP-1巨噬细胞源性泡沫细胞胆固醇流出的影响 [J]. 上海交通大学学报医学版，2009，29 (12)：1415-1418.

[89] 白智峰，成蓓，李长运，等．PPAR-γ对单核/巨噬细胞酰基辅酶A：胆固醇酰基转移酶-1表达效应的研究 [J]. 中国老年学，2004，24 (8)：717-720.

[90] Rigamonti E，Chinettigbaguidi G，Staels B. Regulation of Macrophage Functions by PPAR-α，PPAR-γ，and LXRs in Mice and Men [J]. Arteriosclerosis Thrombosis & Vascular Biology，2008，28 (6)：1050-1059.

[91] 林韬琦，卢德赵，沃兴德．巨噬细胞内胆固醇平衡机制研究进展 [J]. 中国动脉硬化杂志，2010，18 (11)：919-921.

[92] Lu X, Lin S, Chang C C, et al. Mutant acyl-coenzyme A: cholesterol acyltransferase 1 devoid of cysteine residues remains catalytically active [J]. Journal of Biological Chemistry, 2002, 277 (1): 711-718.

[93] Temel R E, Gebre A K, Parks J S, et al. Compared with Acyl-CoA: cholesterol O-acyltransferase (ACAT) 1 and lecithin: cholesterol acyltransferase, ACAT2 displays the greatest capacity to differentiate cholesterol from sitosterol [J]. Journal of Biological Chemistry, 2003, 278 (48): 47594-47601.

[94] Ghosh S. Early steps in reverse cholesterol transport: cholesteryl ester hydrolase and other hydrolases [J]. Current Opinion in Endocrinology, Diabetes & Obesity, 2012, 19 (2): 136-141.

[95] Rothblat G H, De l L M, Favari E, et al. Cellular cholesterol flux studies: methodological considerations [J]. Atherosclerosis, 2002, 163 (1): 1-8.

[96] Zhao B, Song J, Ghosh S. Hepatic overexpression of cholesteryl ester hydrolase enhances cholesterol elimination and in vivo reverse cholesterol transport [J]. Journal of Lipid Research, 2008, 49 (10): 2212-2217.

[97] Sevov M, Elfineh L, Cavelier L B. Resveratrol regulates the expression of LXR-alpha in human macrophages [J]. Biochemical & Biophysical Research Communications, 2006, 348 (3): 1047-1054.

[98] 许雨绚．白藜芦醇对小鼠巨噬泡沫细胞胆固醇外流的影响 [D]. 中山大学，2009.

[99] 曾欣，李乔，王伟．白藜芦醇对 U937 泡沫细胞清道夫受体 CD36 表达的影响 [J]. 国际医药卫生导报，2011，17 (2)：129-132.

[100] Chang C Y, Lee T H, Sheu H H. Anti-atherogenic effects of resveratrol via liver X receptor α-dependent upregulation of ATP-binding cassette transporters A1 and G1 in macrophages [J]. Journal of Functional Foods, 2012, 4 (4): 727-735.

[101] Voloshyna I, Hai O, Littlefield M J, et al. Resveratrol mediates anti-atherogenic effects on cholesterol flux in human macrophages and endothelium via PPARγ and adenosine [J]. European journal of pharmacology, 2013, 698 (1-3): 299-309.

[102] 程霜，郭长江，杨继军，等．石榴皮多酚提取物降血脂效果的实验研究 [J]. 解放军预防医学杂志，2005，23 (3)：160-163.

[103] 周众，焦谊，连政，等．石榴皮提取物对糖尿病大鼠血糖和血脂的影响 [J]. 新疆医科大学学报，2012，35 (5)：570-574.

[104] 兰玉艳．石榴延缓衰老作用的实验研究 [J]. 吉林医药学院学报，2011，32 (6)：338-339.

[105] Shukla M, Gupta K, Rasheed Z, et al. Consumption of Hydrolyzable Tannins Rich Pomegranate Extract (POMx)

Suppresses Inflammation and Joint Damage In Rheumatoid Arthritis [J]. Nutrition, 2008, 24 (7-8): 733-743.

[106] Al-Muammar M N, Khan F. Obesity: the preventive role of the pomegranate (Punica granatum) [J]. Nutrition, 2012, 28 (6): 595-604.

[107] Jurenka J S. Therapeutic applications of pomegranate (Punica granatum L.): a review [J]. Alternative Medicine Review A Journal of Clinical Therapeutic, 2008, 13 (2): 128-144.

[108] Park S H, Kim J L, Lee E S, et al. Dietary ellagic acid attenuates oxidized LDL uptake and stimulates cholesterol efflux in murine macrophages [J]. Journal of Nutrition, 2011, 141 (11): 1931-1937.

[109] Lauche R, Cramer H, Langhorst J, et al. A systematic review and meta-analysis of medical leech therapy for osteoarthritis of the knee [J]. European Journal of Integrative Medicine, 2014, 30 (1): 63-72.

[110] 李建科，李国秀，赵艳红，等．石榴皮多酚组成分析及其抗氧化活性 [J]. 中国农业科学，2009，42 (11)：4035-4041.

[111] 吕欧，李建科，马倩倩，等．石榴皮多酚调控肝细胞内胆固醇平衡的相关通路研究 [J]. 食品工业科技，2015，36 (16)：222-226.

[112] Lv O, Wang L, Li J, et al. Effects of pomegranate peel polyphenols on lipid accumulation and cholesterol metabolic

transformation in L-02 human hepatic cells via the PPAR-gamma-ABCA1/CYP7A1 pathway [J]. Food & function, 2016, 7 (12): 4976-4983.

[113] Yu X H, Fu Y C, Zhang D W, et al. Foam cells in atherosclerosis [J]. Clinica Chimica Acta, 2013, 424: 245-252.

[114] Tzulker R, Glazer I, Barilan I, et al. Antioxidant activity, polyphenol content, and related compounds in different fruit juices and homogenates prepared from 29 different pomegranate accessions [J]. Journal of Agricultural & Food Chemistry, 2007, 55 (23): 9559-9570.

[115] Esmael O A, Sonbul S N, Moselhy S S, et al. Hypolipidemic effect of fruit fibers in rats fed with high dietary fat [J]. Toxicology & Industrial Health, 2015, 31 (3): 281-288.

[116] 丁奇峰. 姜黄素对血管内皮损伤和内皮细胞粘附及凋亡的影响 [D]. 河北医科大学, 2006.

[117] Mihdiye P I L, G? Ksel K Z L, Murat K Z L, et al. The protective role of pomegranate juice against carbon tetrachloride-induced oxidative stress in rats [J]. Toxicology & Industrial Health, 2014, 30 (10): 910-918.

[118] Filiz T, Mine G, Tuğba D, et al. Antioxidant activity and total phenolic, organic acid and sugar content in commercial pomegranate juices [J]. Food Chemistry, 2009, 115 (3): 873-877.

[119] Qu W, Pan Z, Ma H. Extraction modeling and activities of antioxidants from pomegranate marc [J]. Journal of Food

Engineering，2010，99（1）：16-23.

[120] Zhuang H，Du J，Wang Y. Antioxidant capacity changes of 3 cultivar Chinese pomegranate (Punica granatum L.) juices and corresponding wines [J]. Journal of Food Science，2011，76（4）：606-611.

[121] Price P A，Faus S A，Williamson M K. Warfarin-induced artery calcification is accelerated by growth and vitamin D [J]. Arteriosclerosis Thrombosis & Vascular Biology，2000，20（2）：317-327.

[122] 梁俊．石榴皮多酚对脂质过氧化及肝细胞 HMG-CoA 还原酶活性及表达的影响 [D]. 陕西师范大学，2012.

[123] Aviram M，Rosenblat M. Pomegranate Protection against Cardiovascular Diseases [J]. Evidence-based Complementary and Alternative Medicine，2012，2012（4）：382763-382779.

[124] Qin L，Yang Y B，Yang Y X，et al. Inhibition of macrophage-derived foam cell formation by ezetimibe via the caveolin-1/MAPK pathway [J]. Clinical & Experimental Pharmacology & Physiology，2016，43（2）：182-192.

[125] Kzhyshkowska J，Neyen C，Gordon S. Role of macrophage scavenger receptors in atherosclerosis [J]. Immunobiology，2012，217（5）：492-502.

[126] 李国秀，李建科．石榴皮中多酚类物质的提取工艺研究 [J]. 陕西农业科学，2010，56（3）：20-4.

[127] Li J，He X，Li M，et al. Chemical fingerprint and quantitative analysis for quality control of polyphenols extracted

from pomegranate peel by HPLC [J]. Food Chemistry, 2015, 176 (402): 7-11.

[128] Westhorpe C L, Dufour E M, Maisa A, et al. Endothelial cell activation promotes foam cell formation by monocytes following transendothelial migration in an in vitro model [J]. Experimental & Molecular Pathology, 2012, 93 (2): 220-226.

[129] Mäkinen P I, Lappalainen J P, Heinonen S E, et al. Silencing of either SR-A or CD36 reduces atherosclerosis in hyperlipidaemic mice and reveals reciprocal upregulation of these receptors [J]. Cardiovascular research, 2010, 88 (3): 530-538.

[130] Tall A R, Yvancharvet L, Terasaka N, et al. HDL, ABC transporters, and cholesterol efflux: implications for the treatment of atherosclerosis [J]. Cell Metabolism, 2008, 7 (5): 365-375.

[131] 梁俊，李建科，赵伟，等. 石榴皮多酚体外抗脂质过氧化作用研究 [J]. 食品与生物技术学报，2012，31 (2)：53-59.

[132] 梁俊，李建科，刘永峰，等. 石榴皮多酚对脂变 L-02 肝细胞胆固醇合成的影响及机制探究 [J]. 食品与生物技术学报，2013，32 (5)：487-493.

[133] 梁俊，李建科，刘永峰，等. 石榴皮多酚对脂变 L-02 肝细胞 HMG-CoA 还原酶 mRNA 表达的影响 [J]. 食品与生物技术学报，2013，32 (9)：957-961.

[134] 刘润. 石榴鞣花酸对金黄地鼠体内胆固醇、脂质代谢的影响

及其分子机制研究 [D]. 陕西师范大学，2015.

[135] 孙延荣. 二苯乙烯苷对小鼠巨噬泡沫细胞胆固醇外流的影响 [D]. 山东师范大学，2012.

[136] Hoekstra M, Berkel T J V, Eck M V. Scavenger receptor BI: A multi-purpose player in cholesterol and steroid metabolism [J]. World Journal of Gastroenterology, 2010, 16 (47): 5916-5924.

[137] James R W, Brulhart-Meynet M C, Singh A K, et al. The scavenger receptor class B, type I is a primary determinant of paraoxonase-1 association with high-density lipoproteins [J]. Arteriosclerosis Thrombosis & Vascular Biology, 2010, 30 (11): 2121-2127.

[138] Brown M S, Ho Y K, Goldstein J L. The cholesteryl ester cycle in macrophage foam cells. Continual hydrolysis and re-esterification of cytoplasmic cholesteryl esters [J]. Journal of Biological Chemistry, 1980, 255 (19): 9344-9352.

[139] Jessup W, Gelissen I C, Gaus K, et al. Roles of ATP binding cassette transporters A1 and G1, scavenger receptor BI and membrane lipid domains in cholesterol export from macrophages [J]. Current Opinion in Lipidology, 2006, 17 (3): 247-257.

[140] Okazaki H, Igarashi M, Nishi M, et al. Identification of neutral cholesterol ester hydrolase, a key enzyme removing cholesterol from macrophages [J]. Journal of Biological Chemistry, 2008, 283 (48): 33357-33364.

[141] Ghosh S, Zhao B, Bie J, et al. Macrophage Cholesteryl Ester Mobilization and Atherosclerosis [J]. Vascular Pharmacology, 2010, 52 (1-2): 1-10.

[142] 陈心，成蓓，王洪星，等. PPAR-γ对巨噬细胞ACAT-1表达的影响及可能的信号途径 [J]. 山东医药，2009，49 (27)：7-9.

[143] 王治平. 白介素-1对单核细胞向泡沫细胞诱导分化过程中ACAT-1的影响及其机制研究 [D]. 中南大学，2008.

[144] 白智峰，成蓓，毛晓波，等. 瘦素对THP-1细胞泡沫化过程中ACAT-1表达的影响 [J]. 天津医药，2004，32 (10)：593-595.

[145] Rosenblat M, Volkova N, Aviram M. Pomegranate phytosterol (β-sitosterol) and polyphenolic antioxidant (punicalagin) addition to statin, significantly protected against macrophage foam cells formation [J]. Atherosclerosis, 2013, 226 (1): 110-117.

[146] Lee W J, Ou H C, Hsu W C, et al. Ellagic acid inhibits oxidized LDL-mediated LOX-1 expression, ROS generation, and inflammation in human endothelial cells [J]. Journal of Vascular Surgery, 2010, 52 (5): 1290-1300.